Astrokosmos
Wege zur Astronomie

Der Amateurastronom

Das eigene Fernrohr

In den letzten Jahren sind zahlreiche, verhältnismäßig preiswerte astronomische Fernrohre auf den Markt gekommen. Auch von der Möglichkeit, ein kleines Instrument zur astronomischen Beobachtung selbst anzufertigen, wird in verstärktem Maße Gebrauch gemacht. Meist handelt es sich dabei um Linsenfernrohre (Refraktoren) von 50 bis 80 mm Objektivöffnung und etwa 40- bis 180facher Vergrößerung oder aber um Spiegelteleskope (Reflektoren) von 10 bis 20 cm Öffnung. Selbst Feldstecher, wie sie für Sport, Jagd oder Urlaub angeboten werden, können zur Beobachtung des Sternhimmels verwendet werden.

Aber mit dem stolzen Besitz eines Fernrohrs ist es ja noch nicht getan. Wer noch keine Übung in der Beobachtung der Gestirne hat, wird oft allzu schnell enttäuscht werden. In der Meinung, etwas Gutes zu tun, wählt er meist sofort die stärkste Vergrößerung seines Instrumentes, um damit etwa den Planeten Jupiter aufzusuchen. Er findet und findet ihn nicht. Und wenn er dann endlich nach langer Suche ein verwaschenes, zitterndes Scheibchen sieht, dann ist die ganze Freude am neuen Fernrohr schnell dahin. In anderen Fällen stellt der Besitzer eines Fernrohrs sein Instrument bereits nach wenigen Wochen in die Ecke, da er meint, schon alles beobachtet zu haben. Dabei ist vielen Fernrohrbesitzern gar nicht bewußt, daß sie nur ihr neues Handwerkszeug nicht richtig anwenden können.

Natürlich ist bei dem heutigen Stand der astronomischen Wissenschaft und der von den Forschern benutzten technischen Hilfsmittel nicht zu erwarten, daß man mit einem kleinen Fernrohr sensationelle Neuentdeckungen machen kann. Die Zeiten, in denen ein Amateurastronom der Wissenschaft wesentliche Unterlagen liefern konnte, sind vorbei.

Auch sollte dies gar nicht das Ziel amateurastronomischer Arbeit sein. Der Sternfreund wird seine größte Befriedigung darin finden, das in Büchern dargelegte Wissen auf vielen, wenn auch nicht auf allen astronomischen Gebieten, in eigenes Erleben überführen zu können. Das ist selbst heute im Zeitalter der Satelliten und Raumsonden, bemannter Flüge zum Mond und unbemannter Erkundungen der Planeten sowie unter den Aspekten der Radioastronomie und anderer Techniken noch reizvoll.

Wie man sein kleines Instrumentarium zu sinnvollen Beobachtungen heranziehen kann und über ein ganzes Menschenleben hinweg Freude an der Sternbeobachtung erlangt, das soll dieses Buch zeigen. Es beschränkt sich dabei im wesentlichen auf die visuelle Beobachtung, also die direkte Beobachtung mit dem Auge am Fernrohr, verzichtet auf höhere Mathematik, zieht allenfalls einfach zu bewältigende Rechnungen heran und konzentriert sich ungefähr auf die Leistungsfähigkeit der oben angegebenen Fernrohrgrößen. Und nun viel Spaß bei der Beschäftigung mit dem Weltall!

Die Leistungsfähigkeit astronomischer Fernrohre und Feldstecher

Die meisten Mißverständnisse treten bei den Angaben über die Vergrößerungsfähigkeit auf. Da ist beispielsweise im Prospekt zu lesen, das Fernrohr würde 180fache Vergrößerung erzielen. Kommt dann der Käufer dieses Fernrohres auf eine Sternwarte und beobachtet dort den Mond oder irgendeinen Planeten bei 180facher Vergrößerung, so ist er meist sehr erstaunt, daß er trotz angeblich gleichartiger Bedingungen mit dem Fernrohr der Sternwarte wesentlich mehr beobachten kann.

Tatsächlich ist „Vergrößerung nicht gleich Vergrößerung". Die wichtigste Angabe über die Leistungsfähigkeit eines astronomischen Fernrohrs ist vielmehr der Durchmesser (die Öffnung) des Objektivs oder des Hauptspiegels. Wir müssen uns also zunächst einmal etwas mit den optischen Grundlagen eines astronomischen Fernrohres beschäftigen.

Die dem zu beobachtenden Gegenstand (Objekt) zugewandte Linse bezeichnet man als Objektiv. Es bildet einen im Unendlichen befindlichen Gegenstand (und das trifft ja bei Himmel'sobjekten stets zu)

Bild 1. Der Strahlengang in einem astronomischen (Kepler'schen) Fernrohr

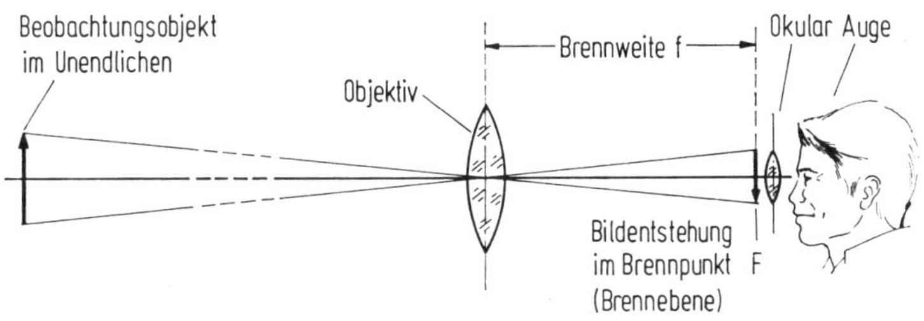

in einem bestimmten Abstand hinter sich ab. Das Bild wird dabei allerdings auf den Kopf gestellt. Die Strecke zwischen Objektivmitte und der Ebene der Bildentstehung (auch Brennebene genannt) bezeichnet man als Brennweite f (Objektivbrennweite). Das Bild selbst entsteht im Brennpunkt F. Dieses umgekehrte Bild wird mittels eines Okulars (Augenlinse) stark vergrößert betrachtet. Das Okular schließt ein astronomisches Linsenfernrohr zum Betrachter hin ab. Den Abstand zwischen Brennpunkt und Okularmitte bezeichnet man als Okularbrennweite. Die Vergrößerung V eines Fernrohrs berechnet sich dann ganz einfach aus der Formel:

$$V = \frac{\text{Objektivbrennweite}}{\text{Okularbrennweite}}$$

Besitzt also beispielsweise das Objektiv eine Brennweite von 1000 mm und das Okular eine Brennweite von 10 mm, so erhalten wir eine 100fache Vergrößerung. Da die Objektivbrennweite bei ein und demselben Fernrohr vorgegeben und nicht veränderlich ist, können wir die Vergrößerung lediglich durch Wahl verschiedener Okulare ändern. Bei dem genannten Fernrohr von 1000 mm Objektivbrennweite würde also ein Okular von 5 mm Brennweite eine 200fache, ein Okular von 20 mm Brennweite nur eine 50fache Vergrößerung erzielen.

In der Astronomie spielt nun aber nicht nur die Vergrößerung, sondern weit mehr die Lichtstärke eines Fernrohrs die entscheidende Rolle. Es kommt ja vor allem darauf an, auch besonders schwache Sterne am Himmel noch ausfindig machen zu können. Die Lichtstärke eines Fernrohrs hängt aber zunächst von der Objektivöffnung ab. Dies ist leicht zu verstehen, wenn wir an die Pupillenöffnung unseres Auges denken. An einem hellen Sommertag schließen sich die Pupillen auf einen Durchmesser von nur noch etwa 1 bis 2 mm, um den Lichteinfall zu begrenzen. Treten wir dann in einen nahezu verdunkelten Raum, sind wir fast vollständig „nachtblind". Erst im Laufe einiger Minuten vergrößern sich die Pupillen unseres Auges wieder auf maximal 8 mm Durchmesser, bei älteren Personen vielleicht nur noch auf etwa 6 mm. Jetzt fällt ein breiteres Strahlenbündel durch die Pupillen unserer Augen, wir sind „an die Dunkelheit angepaßt" und sehen. Mit anderen Worten: Die Menge des einfallenden Lichts wird bestimmt durch die Größe der Fläche unserer geöffneten Augenpupille oder eines Fern-

rohrobjektivs. Im günstigsten Falle, also bei 8 mm Durchmesser, hat unsere Pupille eine Eintrittsfläche von rund 50 mm².
Nehmen wir nun ein kleines Amateurfernrohr von 60 mm Objektivöffnung. Hier beträgt die Eintrittsfläche immerhin etwa 2800 mm², sie ist also 56mal größer als beim menschlichen Auge. Und nun nehmen wir ein Fernrohr von 45 cm Öffnung, was sicherlich größenordnungsmäßig schon einige zehn- bis hunderttausend DM kosten würde. Es besitzt eine Eintrittsfläche von 160 000 mm². Und dies ist ebenfalls etwa das 57fache der Eintrittsfläche unseres kleinen Amateurfernrohrs von 60 mm Öffnung. Mit anderen Worten: Der Sprung vom bloßen Auge zu einem 60 mm-Fernrohr ist genausogroß wie der Sprung von diesem zu einem doch schon recht großen Instrument von fast ½ m Objektivöffnung.
Größere Lichtstärke eines Fernrohrs muß man sehr teuer bezahlen. Und damit nicht genug: Diese theoretische Berechnung wird nämlich wegen der vor allem in Mitteleuropa schlechten atmosphärischen Bedingungen in der Praxis noch weit mehr das kleinere Fernrohr verhältnismäßig begünstigen.
Das ist für den Sternfreund, der über einen schmalen Geldbeutel verfügt und sich nur ein kleines Fernrohr erwerben kann, eigentlich sehr ermunternd.
Auch hängt die Bildhelligkeit eines flächenhaften Objektes, das wir mit unserem Fernrohr beobachten wollen, noch von der benutzten Vergrößerung und damit von der Okularbrennweite ab. Je stärker die Vergrößerung ist, desto größer ist auch die Fläche, auf die die durch das Objektiv durchgelassene Lichtmenge verteilt wird. So

Bild 2. Beim Schiefspiegler nach Kutter sind der Hauptspiegel S 1, der konkav gewölbt ist, sowie der Fangspiegel S 2 mit seiner konvexen Wölbung etwas schräg gestellt

erscheinen also beispielsweise der Mond oder eine Planetenscheibe mit um so geringerer Flächenhelligkeit, je stärker wir vergrößern.
Etwas anders ist es beim Auflösungsvermögen oder der Trennschärfe eines Fernrohrs. Sie bestimmt beispielsweise, ob man zwei eng beieinander befindliche Objekte noch getrennt sehen kann, z. B. die beiden Partner eines Doppelsternsystems oder aber auch auf der Oberfläche des Mondes zwei nahe beieinander gelegene Bergspitzen. Nehmen wir zwei ungefähr gleich- und mittelhelle Sterne, die noch voneinander getrennt werden sollen. Dann gilt für den Mindestabstand der beiden Sterne in Bogensekunden (die Zahl 115 ist ein empirisch gewonnener Wert):

$$\text{Mindestabstand} = \frac{115}{\text{Objektivöffnung in mm.}}$$

Unser Amateurfernrohr mit 60 mm Öffnung trennt also bis auf etwa 2 Bogensekunden Mindestabstand herab, während ein Fernrohr von 230 mm Öffnung in günstigen Fällen noch einen Doppelstern von 0,5 Bogensekunden Distanz trennen kann. Das Auflösungsvermögen eines Fernrohrs ist damit vollkommen unabhängig von der Vergrößerung. Darin ist auch die Lösung des Rätsels zu suchen, daß eine 180fache Vergrößerung bei einem 60 mm-Fernrohr lange nicht so viel hergibt wie dieselbe Vergrößerung bei beispielsweise 15 cm Öffnung.
Wegen der begrenzten Lichtmenge, die ein Objektiv durchläßt, aber auch wegen der mit stärkerer Vergrößerung sich mehr und mehr bemerkbar machenden Luftunruhe sollte man über eine bestimmte Maximalvergrößerung nicht hinausgehen. Bei kleineren Amateurfern-

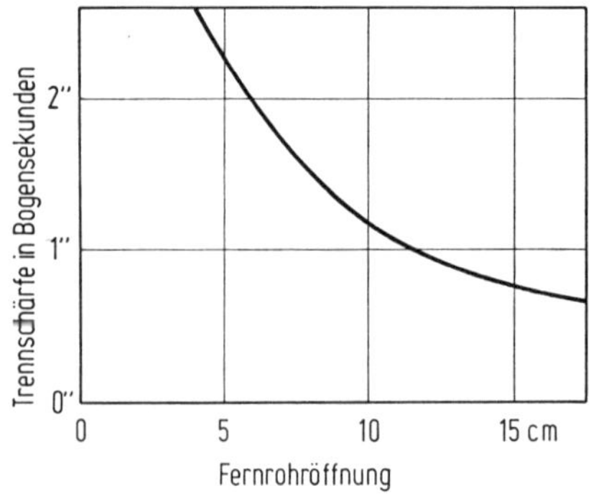

Bild 3. Die optimale Trennschärfe eines Fernrohrs in Bogensekunden hängt allein von der Fernrohröffnung in Zentimetern ab

rohren beträgt diese bei günstigen atmosphärischen Sichtbedingungen gerade noch sinnvoll einsetzbare Vergrößerung das 1½- bis 2fache der Fernrohröffnung in mm. Ein 60-mm-Fernrohr würde also beispielsweise höchstens 90- bis 120fache Vergrößerungen vertragen. Natürlich könnte man durch Benutzung eines entsprechenden Okulars auch eine 200fache Vergrößerung erzielen. Das Bild beispielsweise eines Planeten würde dadurch zwar größer werden, gleichzeitig aber lichtschwächer und unschärfer. Zusätzlich dazu kämen auch kontrastarme Einzelheiten nicht mehr zur Geltung, so daß man von einer „leeren Vergrößerung" sprechen muß.

Welche Vergrößerungen man sinnvoll einsetzt, hängt auch noch von der Art des Objektes ab. Darüber soll bei späterer Gelegenheit noch gesprochen werden.

Es gibt übrigens auch eine Minimalvergrößerung. Sie errechnet sich aus dem Objektivdurchmesser in Millimeter dividiert durch 6. Ein 60-mm-Fernrohr erfordert also mindestens eine 10fache Vergrößerung, damit sein Einsatz überhaupt noch Sinn hat.

Vor allem in vergangenen Jahrzehnten gab man den Durchmesser eines Fernrohrobjektivs auch in englischen Zoll oder inches an. Dabei ist 1 Zoll oder 1 inch (abgekürzt 1″) = 2,54 cm. Man sprach dann häufig von einem 4zölligen, 6zölligen usw. Instrument. In der neueren Literatur findet man solche Angaben etwas seltener. Ein weiterer Begriff, den man kennen muß, ist das Öffnungsverhältnis eines Fernrohrs. Man versteht darunter das Verhältnis zwischen Objektivdurchmesser und Objektivbrennweite. Hat also beispielsweise unser 60 mm-Rohr eine Brennweite von 1000 mm, so beträgt das Öffnungsverhältnis etwa 1 : 17.

Sehr große Öffnungsverhältnisse über etwa 1 : 6 eignen sich nur für fotografische Fernrohre und Astrokameras. Fernrohre, die zu direkten Beobachtungen benutzt werden sollen, haben kleinere Öffnungsverhältnisse (s. S. 16).

Astronomische Fernrohrobjektive bestehen heute fast immer aus mindestens zwei Linsen. Eine Einzellinse unterliegt nämlich der „chromatischen Aberration" (Farbabweichung). Das bedeutet, daß die mit einem Einzelobjektiv beobachteten astronomischen Objekte mit störenden Farbsäumen erscheinen. Sie entstehen dadurch, daß die einzelnen Wellenlängen und Farbbereiche des Lichts vom Objektiv verschieden

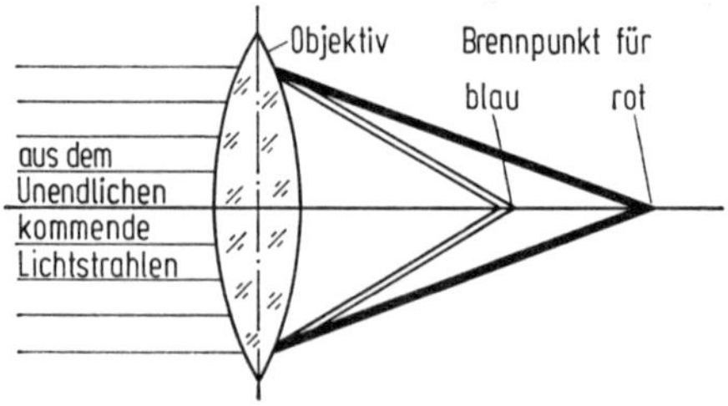

Bild 4. Eine einfache Objektivlinse bricht die aus dem Unendlichen kommenden mehrfarbigen Lichtstrahlen in verschiedener Weise:
Die roten Lichtstrahlen haben einen anderen Brennpunkt als die blauen Lichtstrahlen (chromatische Aberration)

stark gebrochen werden und damit ganz unterschiedliche Brennpunkte haben. Es läßt sich auch keine vollständige Bildschärfe erzielen.

Ein normales achromatisches Fernrohrobjektiv besteht aus zwei Linsen, die aus Flintglas und Kronglas hergestellt worden sind, also aus zwei Glassorten mit verchiedenem Brechungsvermögen. Fotografische Objektive, wie sie auch beispielsweise in Kleinbildkameras Verwendung finden, bestehen unter Umständen sogar aus mehr als zwei Einzellinsen. Dasselbe gilt auch für Objektive, die zu astrofotografischen Zwecken herangezogen werden.

Auch die Okulare bestehen aus zwei oder mehreren Einzellinsen. Die dem Auge zugekehrte Linse bezeichnet man als Augenlinse, die dem Objektiv zugekehrte als Feldlinse. Bei der Auswahl von Okularen zu einem astronomischen Fernrohr sollte man sich zunächst einmal von deren Brennweite leiten lassen. Zu empfehlen sind mindestens drei bis vier Okulare verschiedener Brennweite, deren Vergrößerungsfähigkeit nahe der Minimal- und Maximalvergrößerung und ungefähr dazwischen liegen sollte. Für ein Fernrohr von 60 mm Objektivöffnung würden sich also beispielsweise Okulare empfehlen, die eine 30-, 60-, 90- und 120fache Vergrößerung ergeben.

Zu beachten ist auch noch die recht unterschiedliche Bauart astronomischer Okulare. Recht häufig findet man das *Huygens-Okular*. Bei ihm liegt das vom Objektiv entworfene Brennpunktbild zwischen der Feld- und Augenlinse. Das *Kellner-Okular* verfügt über eine Augenlinse, die aus zwei Einzellinsen zusammengesetzt ist. Insgesamt besitzt also das Kellner-Okular drei Einzellinsen. Die Brennebene liegt vor der Feldlinse. Beim *Ramsden-Okular*, das wiederum nur aus zwei Einzellinsen besteht, liegt die Brennebene gleichfalls vor der Feldlinse. Das *Mittenzwey-Okular* hat eine ähnliche Bauweise wie das Huygens-Okular. Seine Feldlinse ist allerdings etwas verändert.

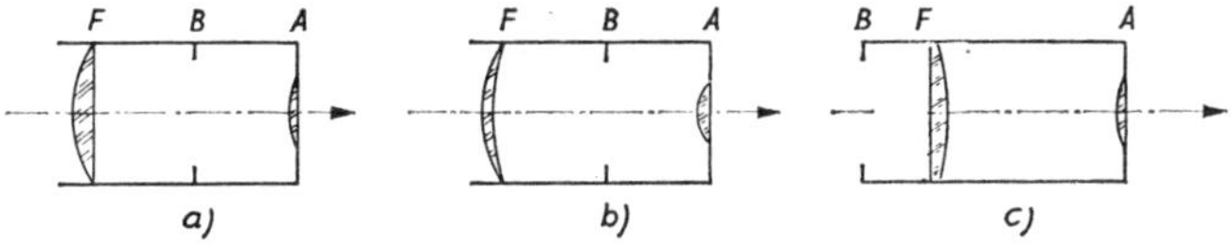

Bild 5. Die wichtigsten nichtachromatischen Okulartypen. Die Reihe zeigt nichtachromatische Okulare nach Huygens (a), Mittenzwey (b) und Ramsden (c). B bedeutet Blende, F Feldlinse, A Augenlinse. Der Pfeil weist in Richtung zum Auge

Ferner wären noch verschiedene achromatische Okulare zu erwähnen, zu denen beispielsweise das *monozentrische Okular nach Steinheil* und das *orthoskopische Okular nach Abbe* zählen. Sie sind besonders frei von chromatischer Aberration. Das *Erfle-Okular* ist ein typisches Weitwinkelokular, das häufig bei Prismengläsern verwendet wird. Aber auch in astronomischen Fernrohren ist es vor allem bei schwächeren Vergrößerungen sehr beliebt, da es ein verhältnismäßig großes scheinbares Gesichtsfeld gewährt.

Unter dem scheinbaren Gesichtsfeld versteht man den Winkeldurchmesser des Feldes am Himmel, wie es für den Beobachter im Okular erscheint. Es kann bei Weitwinkelokularen bis zu 65° und mehr erreichen. Demgegenüber ist der wahre Gesichtsfelddurchmesser bedeutend kleiner. Davon kann man sich schnell überzeugen, wenn man den Mond, der einen Durchmesser von etwa 0,5° aufweist, als Testobjekt benutzt. Der Durchmesser des wahren Gesichtsfeldes nimmt übrigens bei zunehmender Vergrößerung stark ab. Selbst bei den schwächsten Vergrößerungen wird nur etwa 1° überblickt, d. h. man könnte zwei Vollmondscheiben im Gesichtsfeld nebeneinander unterbringen. Bei verhältnismäßig hohen Vergrößerungen schrumpft das wahre Gesichtsfeld auf wenige Bogenminuten zusammen. Der scheinbare Gesichtsfelddurchmesser ist dagegen für die Bequemlichkeit der Beobachtung von Bedeutung. Er ist bei den Mittenzwey-Okularen mit etwa 50° verhältnismäßig groß, während er beispielsweise bei den Huygens-Okularen nur 25° bis 40° erreicht.

Zur Verlängerung der Brennweite des Objektivs und damit der Steigerung der Vergrößerung dient die sogenannte Barlow-Linse. Sie wird zwischen Objektiv und Okular eingebaut, wobei sie allerdings näher am Okular liegt. Durch die Verlängerung der Objektivbrennweite z. B. auf das Doppelte durch eine Barlow-Linse kann bei Einschalten desselben Okulars auch die doppelte Vergrößerung erzielt werden. Allerdings sollte man auch von einer Barlow-Linse keine Wunder erwarten. Besonders bei sehr hohen Vergrößerungen verschlechtert sich die Bildqualität stark. Am sinnvollsten sind Barlow-Linsen bei Fernrohren, deren Objektive (oder Hauptspiegel bei Spiegelteleskopen) verhältnismäßig kurzbrennweitig sind.

Für Spiegelteleskope (Reflektoren) gelten die oben genannten optischen Bedingungen entsprechend. Die Bauweise der Spiegelteleskope ist aber sehr unterschiedlich. Befassen wir uns zunächst einmal mit dem Hauptspiegel. Er besteht meist aus Glas, ganz selten auch aus Metall, auf die eine Schicht Aluminium, Rhodium oder dergleichen aufgedampft ist. Darüber befindet sich zum Schutz oft zusätzlich eine Quarzschicht. Die Brennweite der Spiegel ist in der Regel etwas kürzer als die von Objektiven gleichen Durchmessers. Mit anderen Worten: Das Öffnungsverhältnis bei Spiegelteleskopen liegt mit 1 : 6 bis 1 : 10 bedeutend über dem von Linsenfernrohren, die meist 1 : 10 bis 1 : 20 aufweisen.

Beim Newton-Spiegel befindet sich kurz vor dem Brennpunkt des Hauptspiegels ein kleiner, ebener Fangspiegel (Planspiegel), der um 45° gegen die optische Achse des Hauptspiegels geneigt ist. Er lenkt die vom Hauptspiegel kommenden Lichtstrahlen im rechten Winkel auf die Seite, so daß der tatsächliche Brennpunkt und das Okular oben seitlich zu liegen kommen.

Der Fangspiegel verursacht nicht etwa, wie man zunächst annehmen könnte, ein „Loch“ im Gesichtsfeld. Aber er führt zu einem gewissen Lichtverlust. Das ist ähnlich wie bei einem Fotoapparat. Nehmen wir an, dieser hat ein Objektiv mit dem Öffnungsverhältnis 1 : 2. Schließen wir nun die Blende auf 1 : 8, so ist das Objektiv weitgehend

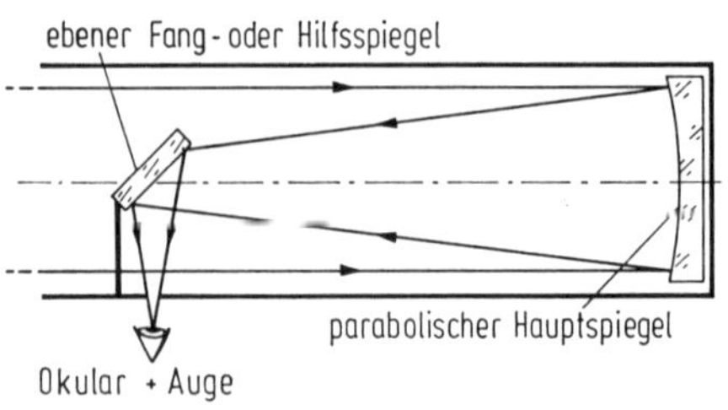

Bild 6. Der Strahlengang in einem Newton'schen Spiegelteleskop

abgeblendet. Aber trotzdem wird weiterhin das volle Bildformat belichtet, nur eben mit geringerer Intensität, womit Überbelichtungen vermieden werden. Wird die Blende zu weit geschlossen, können allerdings Unterbelichtungen eintreten.

Der Lichtverlust durch den Fangspiegel hält sich mit durchschnittlich 7% bei Spiegelteleskopen in Grenzen. Bei sehr kleinen Instrumenten kann sich der Lichtverlust allerdings stärker bemerkbar machen. Deshalb ist der Bau eines Spiegelteleskops mit einer Öffnung unter 10 cm wenig sinnvoll. In der Regel werden auch so kleine Teleskope oder Einzelspiegel nicht angeboten.

Ein anderer kleiner Nachteil der Spiegelteleskope besteht darin, daß das Lichtbündel, das durch den Tubus hindurcheilt und den Hauptspiegel erreicht, zuvor am Fangspiegel und dessen Aufhängung vorbeistreicht. Dort werden die Lichtstrahlen ein wenig gebeugt, was zu einer gewissen Bildverschlechterung führen kann. Andererseits sind Spiegelteleskope vollkommen achromatisch, da die Oberfläche eines Spiegels alle Wellenlängen des Lichtes in gleicher Weise reflektiert. Nur bei den Okularen muß unter Umständen noch eine gewisse Farbabweichung in Kauf genommen werden.

Was ist nun besser, Linsenfernrohr oder Spiegelteleskop? Eine Antwort darauf läßt sich gerade für Amateurzwecke nur schwer geben. Ganz allgemein kann man wohl von der Faustregel ausgehen, daß ein Spiegelteleskop bestimmter Öffnung einem Linsenfernrohr mit gleicher Öffnung vor allem an Bilddefinition ein wenig unterlegen ist. Dies setzt aber in beiden Fällen gleichartige optische Qualität voraus. Und natürlich spielt immer wieder die Luftbeschaffenheit eine Rolle.

Dieses kleine Minus der Spiegelteleskope wird aber wieder dadurch ausgeglichen, daß Linsenfernrohre bei gleicher Öffnung bedeutend teurer, größer, schwerer und damit auch umständlicher zu transportieren sind als Spiegelteleskope. Das ist einer der Gründe, warum Amateure mit gehobeneren Ansprüchen heute meist lieber zu Spiegelteleskopen greifen. Es ist ihnen dabei durchaus möglich, zu einem Durchmesser von 20, 30 oder sogar 40 cm zu gelangen, während ein Refraktor gleichen Durchmessers bereits so große Ausmaße hätte, daß man eine recht beachtliche Sternwartenkuppel oder ein ähnliches Schutzgebäude errichten müßte, um das Instrument unterzubringen.

In der Praxis hat sich aber gezeigt, daß für den blutigen Anfänger ein

Linsenfernrohr, sagen wir von 60 bis 80 mm Objektivöffnung, bedeutend leichter zu handhaben ist als ein Spiegelteleskop. Dies liegt einmal daran, daß bei Reflektoren Hauptspiegel und Fangspiegel gelegentlich nachjustiert werden müssen. Vor allem bei Spiegelteleskopen, die häufig transportiert werden, ist dies öfters erforderlich. Ein Linsenfernrohr ist dagegen wesentlich robuster. Die Verbindung zwischen Objektiv und Okular ist durch den Fernrohrtubus meist so fest gewährleistet, daß eigentlich nur dann Schwierigkeiten auftreten können, wenn das Instrument irgendwie mechanisch beschädigt wird. Außerdem ist es für den Anfänger oft von Vorteil, durch das Okular hindurch ein Himmelsobjekt in dieselbe Richtung anvisieren und beobachten zu können, in die auch das Instrument tatsächlich eingestellt ist. Bei einem Spiegelteleskop Newton'scher Bauweise schauen wir ja rechtwinklig zum Fernrohrtubus hinein. Das Einstellen von Objekten kann also nur durch ein Anpeilen über Kimme und Korn auf dem Fernrohrtubus oder ein daraufgesetztes kleines Sucherfernrohr bewerkstelligt werden. Ein solcher Sucher kleiner Öffnung ist übrigens in jedem Falle, also auch beim Refraktor, von Vorteil. Er sollte mit einem Fadenkreuz im Okular ausgestattet sein.
Natürlich spielen auch noch die Möglichkeiten zur Aufstellung eines Instruments eine Rolle. Verfügt man nicht über einen festen Aufstellungsplatz, eine Schutzhütte oder dergleichen im Garten oder auf einer großen Terrasse mit festem Untergrund, so hat es wenig Sinn, auf ein Fernrohr von 20 bis 40 cm Öffnung zu zielen. Selbst ein Spiegelteleskop dieser Größenordnung ist dann oft schon zu schwerfällig. Bei einem Linsenfernrohr hört die Transportierfähigkeit bereits bei einem Objektivdurchmesser über 10 cm auf. Dem „Normalverbraucher" sei daher empfohlen, sich zunächst einmal ein Linsenfernrohr von 60 bis 80 mm Objektivöffnung zu beschaffen, um sich damit über 1 oder 2 Jahre hinweg an die astronomische Beobachtung zu gewöhnen. Wer dann weiter Spaß an der Sternbeobachtung und das nötige Geld hat (was wir hoffen wollen), sollte zu einem Spiegelteleskop von 15 bis 20 cm Öffnung greifen. Natürlich kann man auch gleich mit einem etwas kleineren Spiegelteleskop von etwa 10 bis 12 cm Öffnung beginnen. Man muß sich nur dabei von vornherein der etwas größeren Unbequemlichkeiten bei der Bedienung bewußt sein.
Neben dem Spiegelteleskop Newton'scher Bauart gibt es aber noch

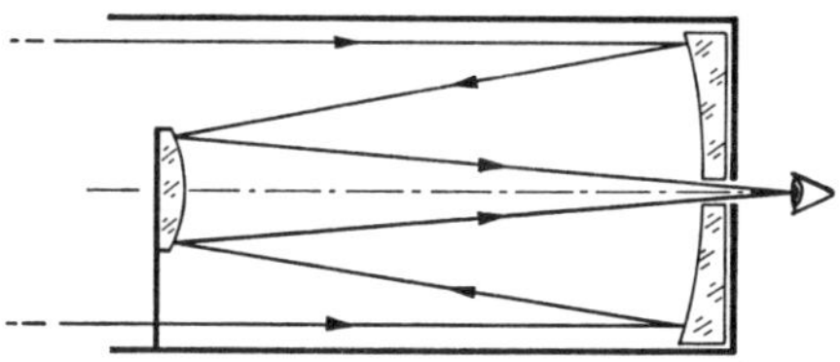

Bild 7. Der Strahlengang in einem Cassegrain-Spiegel. Der Hauptspiegel ist durchbohrt

einige weitere Typen von Spiegelteleskopen, von denen hier nur diejenigen Erwähnung finden sollen, die für Amateurzwecke Bedeutung haben.

Beim Cassegrain-Spiegel befindet sich kurz vor dem Brennpunkt des Hauptspiegels ein Fangspiegel, der im Gegensatz zu dem des Newton-Spiegels eine konvex-hyperbolische Form aufweist und die Lichtstrahlen abermals zum Hauptspiegel zurückwirft. Dort treten sie durch ein Loch im Zentrum des Hauptspiegels hindurch. Die Brennebene befindet sich dann ähnlich wie beim Refraktor am Hinterende des Fernrohrtubus, so daß auch das Okular an dieser Stelle untergebracht werden kann. Der Hilfsspiegel hat aber nicht nur die Aufgabe, den Lichtstrahl auf den Hauptspiegel zurückzuwerfen, er vergrößert auch die Brennweite. Cassegrain-Spiegel sind infolge des gefalteten Strahlengangs außerordentlich gedrungen gebaut und können daher auch bei begrenzten Raumverhältnissen gut untergebracht werden.

Eine fast skurrile Bauweise zeigt der Schiefspiegler (Brachyt). Er war schon lange bekannt, wurde aber in den letzten Jahrzehnten von A. Staus und A. Kutter weiterentwickelt (Neobrachyt). Beim Schiefspiegler wird der Hauptspiegel ein wenig schräg gegen den von einem Objekt eintreffenden Strahlengang gestellt, so daß die Strahlen etwas auf die Seite, gegen den Fernrohrtubus hin reflektiert werden. Ein dort befindlicher Fangspiegel wirft schließlich den Lichtstrahl an eine Stelle, die neben dem Hauptspiegel liegt. Oft befindet sich zwischen dem Hilfsspiegel und dem Brennpunkt des Instruments noch eine Korrektionslinse. Haupt- und Fangspiegel sind übrigens kugelförmig (sphärisch) geschliffen. Die durch die Schrägstellung der Spiegel noch verbleibenden optischen Mängel beseitigt weitgehend das erwähnte Korrektionssystem. Schiefspiegler haben gleichfalls meist relativ kleine Öffnungsverhältnisse von 1 : 18 und darunter. Ihre langen Brennweiten eignen sich insbesondere für die Mond- und Planetenbeobachtung.

Mehr zu fotografischen Zwecken war ursprünglich der Schmidt-Spiegel gedacht. Der sphärisch geschliffene Hauptspiegel läßt in der Brennebene ein Bild entstehen, das etwas gewölbt ist. Deswegen hat man ursprünglich das dort erzeugte Bild mit durchbogenen Platten oder Filmen aufgenommen. Das läßt sich jedoch vermeiden, wenn man vor den Brennpunkt noch eine Ebnungslinse setzt.

Ein sphärischer Spiegel weist aber überdies den optischen Fehler der Koma auf. Er besteht darin, daß Sterne nur etwa in der Bildmitte scharf abgebildet werden. Zu den Bildrändern hin werden die Sterne zu kleinen schwänzchenartigen Objekten auseinandergezogen. Um die Koma zu vermeiden, schlug B. Schmidt im Jahre 1931 eine Korrektionsplatte vor, die am oberen Ende des Fernrohrtubus anzubringen ist, und zwar in einer Entfernung vom Hauptspiegel, die dessen doppelter Brennweite entspricht. Die Schmidt'sche Korrektionsplatte hat eine recht merkwürdige Form: Rein äußerlich ähnelt sie einer planparallelen Fensterglasscheibe. Tatsächlich ist sie aber in der Mitte und am Rand etwas dicker als in der Zwischenzone.

Neuerdings werden zu Amateurzwecken Kombinationen von Schmidt- und Cassegrain-Teleskopen gebaut. Diese sog. katadioptrischen Systeme vereinigen die Vorzüge beider Typen und können auch zu visuellen Beobachtungen herangezogen werden. In dieser Form gibt es z. B. Teleskope der Firma Celestron, die bei einer Öffnung von 12,7 cm nur 5,5 kg wiegen und „bequem unter dem Arm" transportierbar sind. Selbst das Celestron mit 35,5 cm Öffnung hat ein Gesamtgewicht von nur 50 kg und kann in wenigen Minuten in Teile zerlegt werden, die einzeln weniger als 18 kg wiegen. Das Öffnungsverhältnis dieser Instrumente liegt bei 1 : 10 bis 1 : 11. Es sind richtige „Handkoffer-Instrumente", die man sogar über weite Strecken hinweg mit dem Auto transportieren kann.

Die beim KOSMOS-Service – 71, D 7000 Stuttgart 1, Postfach 640 – erhältlichen Schmidt-Cassegrain-Systeme sind ebenfalls Fernrohre mit extrem kurzer Baulänge und weisen trotzdem eine große Brennweite auf. Die am vorderen Ende des Rohres befindliche „Schmidt-Platte" verändert den Strahlengang des Lichtes bereits vor Erreichen des Hauptspiegels so, daß bis zum Bildfeldrand eine hervorragende Schärfe der Sternpunkte erzielt wird. Außerdem ist das Rohr nach vorne hin durch die Schmidt-Platte abgeschlossen, so daß Luftzirku-

lationen im Innern des Instrumentes fast vollständig vermieden werden können. Die von KOSMOS vertriebenen Meade-Astrogeräte werden auf den Seiten 178–181 genauer beschrieben.
Eine wichtige Frage ist die Aufstellung oder Montierung eines astronomischen Fernrohrs. Hier sollte man keineswegs sparen. Der bekannte Fernrohrkonstrukteur A. Staus sagte einmal treffend: „Ein Fernrohr ohne eine gute Montierung ist wie ein Hammer ohne Stiel." In der Tat: Was nützt das optisch beste Instrument, wenn es auf einem zarten Stativ hin- und herschwingt und die Bilder im Fernrohr tanzen läßt! Aber auch die Frage, ob es eine azimutale Montierung tut oder ob man zu einer parallaktischen Montierung greifen soll, läßt viele Anfänger nicht ruhig schlafen.
Bei einer azimutalen Montierung wird das Fernrohr um eine vertikale und horizontale Achse gedreht. Da die Sterne sich als Folge der Erdrotation täglich von Ost nach West schräg zum Horizont bewegen, müßten wir also dauernd um beide Achsen drehen. Bei sehr kleinen Instrumenten, die auch über ein großes wahres Gesichtsfeld verfügen, so daß ein einmal eingestelltes Objekt erst in einigen Minuten aus ihm wieder herauswandert, mag dies noch angehen. Für eine längerdauernde Beobachtung ist aber doch schon bei Instrumenten über 5 cm Öffnung eine parallaktische Montierung anzuraten. Bei ihr weist die sogenannte Stunden- oder Polachse zum nördlichen Himmelspol und verläuft damit parallel zur Erdachse. Die senkrecht dazu stehende Achse wird als Deklinationsachse bezeichnet. Ist nun das Instrument genau auf den Himmelspol ausgerichtet, müssen wir nur noch um die Stundenachse drehen, um unser astronomisches Objekt im Gesichtsfeld zu behalten. Bei transportablen Fernrohren genügt sogar schon eine grobe Einstellung auf den Polarstern, um deutliche Erleichterungen bei der Nachführung zu erhalten. Für eine genauere Einstellung empfiehlt sich aber eine Methode, die von dem Astronomen J. Scheiner vorgeschlagen wurde.
Gehen wir davon aus, daß als erstes die Stundenachse des Fernrohrs genau in die Meridianebene, also in die Nord-Süd-Richtung zu bringen ist. Mit Hilfe eines Kompasses stellen wir zunächst unser Fernrohr im groben ein und richten die Stundenachse in die Nord-Süd-Richtung. Dasselbe geschieht mit der Polhöhe, die ja überall auf der Erde gleich der geographischen Breite ist. Darauf folgt nun die Feineinstellung.

Dazu wählen wir einen Stern aus, der nicht allzu weit vom Himmelsäquator und vom Meridian entfernt steht. Wir klemmen die Deklinationsachse unseres Instruments fest und führen nun durch Drehung an der Stundenachse das Fernrohr langsam der scheinbaren Bewegung des Sterns nach. Weicht nun der Stern im Laufe mehrerer Minuten allmählich nach Süden ab (im umkehrenden astronomischen Fernrohr also nach oben!), so bedeutet dies, daß die Meridianebene des Fernrohrs nach Westen abweicht, sofern wir nach Süden blicken. Wir müssen also die Stundenachse des Fernrohrs ein wenig nach Osten, also nach links drehen. Wandert der Stern dagegen zum unteren Teil des Gesichtsfeldes, also nach Norden ab, so müssen wir die Meridianebene des Instruments ein wenig nach rechts, also nach Westen, drehen. Diese Beobachtungen wiederholen wir so lange, bis Abweichungen nach oben oder unten nicht mehr eintreten.

Zur genauen Einstellung der Polhöhe, also des Neigungswinkels der Stundenachse gegen die Horizontalebene, nehmen wir einen anderen Stern, der sehr weit östlich des Meridians steht und noch mehrere Stunden bis zu seinem Meridiandurchgang benötigt. Auch dieser Stern soll wieder in der Nähe des Himmelsäquators sein. Bei festgeklemmter Deklinationsachse verfolgen wir wieder die Bewegung des Sterns im Gesichtsfeld. Weicht der Stern nach unten, also nach Norden, ab, so ist die Polhöhe des Instruments zu groß eingestellt und umgekehrt.

Ist eine parallaktische Montierung auch schon bei kleinen Instrumenten von Vorteil, so kann man über den Nutzen einer automatischen Nachführung, sei sie mechanisch oder elektrisch, geteilter Meinung sein. Bei kleineren Instrumenten zwischen etwa 5 und 10 cm Öffnung mag eine manuell zu bedienende mechanische Feinbewegung vollkommen ausreichen. Bei größeren Instrumenten ist aber eine automatische Nachführung tatsächlich von großem Nutzen. Früher bediente man sich dabei meist einfacher Federuhrwerke (z. B. ausgebaut aus alten Plattenspielern) oder handfester Gewichtsuhrwerke. Heute werden, weil sie billig sind, meist elektrische Synchronmotoren verwendet. Man erhält sie schon ab Herstellerwerk mit verschiedenen Untersetzungsgetrieben, kann also beispielsweise zwei Umdrehungen pro Minute oder 0,5 Umdrehungen pro Minute usw. fabrikfertig haben. Solche Umdrehungszahlen sind aber natürlich viel zu hoch, um ein astronomisches Fernrohr nachzuführen, das sich ja im Laufe eines Sterntags

($23^h56^m4{,}091^s$) nur einmal um seine Stundenachse drehen muß. Wir brauchen also zusätzliche Getriebe zur Verlangsamung der Drehung. Nun wird es allerdings bei noch so ausgeklügelten Untersetzungen nicht möglich sein, genau auf eine Umdrehung pro Sterntag zu kommen. Man kann aber doch so nahe an diesen Wert herankommen, daß die Restfehler in der Regel ohne Belang sind. Wer noch höhere Ansprüche an die Nachführung stellt, z. B. zu astrofotografischen Zwecken, sollte einen Frequenzwandler einbauen. Dieser verändert die Frequenz des Netzstroms (50 Hz) und damit auch die Drehzahl des Synchronmotors. Man kann diese Einrichtung auch an eine Autobatterie anschließen. Bei der Verwendung von 220 Volt Wechselstrom ist übrigens bei im Freien stehenden Fernrohren (Feuchtigkeit, Tau!) Vorsicht geboten. Schwachstromanlagen sind sicherer.

Hier sei noch ein Wort über die astronomische Verwendbarkeit des Feldstechers gesagt. Wer vor dem Kauf eines Feldstechers steht, sollte sich zunächst mit den optischen Daten solcher Instrumente vertraut machen. Die Bezeichnung 8×50 bedeutet z. B., daß der Feldstecher eine Objektivöffnung von 50 mm und eine 8fache Vergrößerung aufweist. Die Zahlen für die im Handel gängigen Feldstecher liegen zwischen 7×30 und 10×50. Doch gibt es auch aufwendigere Doppelgläser, die bei verhältnismäßig kleiner Vergrößerung einen Objektivdurchmesser bis etwa 80 mm aufweisen. Das macht sie für die astronomische Beobachtung ganz besonders geeignet. Ergeben sie doch eine gewaltige Lichtstärke zur Durchmusterung der Milchstraße und anderer flächenmäßig ausgedehnter Objekte. Auch zur Aufsuchung von Kometen eignen sich solche Feldstecher. Allerdings sind sie schon recht schwer und deswegen nicht unbedingt für jeden Abendspaziergang empfehlenswert. Außerdem sollten Feldstecher und Doppelgläser ab etwa 10facher Vergrößerung auf einem Stativ aufgestellt werden, da die Beobachtung sonst nicht mehr „wackelfrei" bleibt.

Aber auch kleinere Feldstecher, wie etwa 8×50, eignen sich hervorragend zu Durchmusterungen des Nachthimmels. Die Lichtstärke eines Feldstechers ist übrigens um so größer, je geringer die Vergrößerung im Verhältnis zum Objektivdurchmesser ist. Ein Feldstecher 7×50 verfügt damit über eine größere Lichtstärke als ein Feldstecher 10×50. Ob man allerdings die Lichtstärke eines Feldstechers 7×50 noch voll ausnutzen kann, hängt neben den atmosphärischen Sichtbedingungen auch von der Fähigkeit des menschlichen Auges ab, die Pupille noch genügend weit zu öffnen, die im mittleren und erst recht im höheren Alter stark nachläßt. Ein älterer Mensch kann also die größere Lichtstärke eines Feldstechers 7×50 kaum mehr voll ausnutzen. Für den schmalen Geldbeutel sei mithin zu astronomischen Zwecken eher zu einem Feldstecher 8×50 oder 10×50 geraten und bei entsprechend höherem Budget und wenn ein Stativ vorhanden ist zu den leistungsfähigeren Doppelgläsern.

Übrigens eignen sich auch Operngläser, die meist über eine 3fache Vergrößerung verfügen, ein wenig zu astronomischen Beobachtungen. Allzuviel darf man allerdings von ihnen nicht erwarten. Doch zur besseren Erfassung schwächerer Sterne, die hart an der Sichtbarkeitsgrenze für das bloße Auge liegen, sind sie recht gut geeignet. Operngläser sind übrigens nicht nach dem Prinzip astronomischer, also Kepler'scher Fernrohre, sondern nach dem Prinzip Galilei'scher Fernrohre aufgebaut. Sie liefern direkt aufrechte Bilder, während bei den Feldstechern die Aufrichtung des Bildes erst über zwei Prismen hinweg erzielt werden kann (Prismenfeldstecher).

Beim Kauf eines astronomischen Fernrohrs oder Feldstechers steht der Sternfreund oft vor der Frage: „Ist denn das angebotene Instrument überhaupt optisch einwandfrei?" Deswegen soll hier noch etwas über einfache Prüfmöglichkeiten gesagt werden.

Wir gehen davon aus, daß die Augen des Beobachters keine Mängel haben. Dabei spielt übrigens Weit- oder Kurzsichtigkeit keine Rolle, da man sie durch Verstellen des Okularauszuges des Fernrohres ausgleichen kann. Anders ist es bei Astigmatismus, bei dem ein punktförmiges Objekt, z. B. ein Fixstern, nicht mehr ebenso punktförmig auf der Netzhaut abgebildet wird.

Ein hervorragender Test für die Qualität eines Fernrohrs und zur Prüfung auf Astigmatismus ist, das Fernrohrbild eines Fixsterns absichtlich unscharf einzustellen. Mit anderen Worten: Wir stellen den Okularauszug nicht so ein, daß das Bild „fokussiert" ist, sondern man stellt extrafokal ein. Ist alles in Ordnung, muß das Sternbildchen als Kreisscheibe erscheinen (bei einem Reflektor taucht bei extrafokalem Beobachten die Struktur der Fangspiegelhalterung auf). Wegen der Beugung der Lichtstrahlen an der Objektivfassung wird man darüber hinaus um das Sternscheibchen herum noch Beugungsringe sehen. Ist

das extrafokal erzeugte Sternbildchen aber elliptisch geformt oder zeigt es anderweitige Verzerrungen, so deutet dies auf einen optischen Mangel des Instruments oder Astigmatismus hin. Liegt Astigmatismus des Auges vor, verlagert sich der größte Durchmesser des Sternscheibchens immer dann, wenn wir das Auge hinter dem Okular um seine optische Achse drehen. Ist der Astigmatismus aber dem Fernrohr selbst zuzuschreiben, so verändert sich die Lage der Ellipse beim Drehen des Fernrohrs um seine optische Achse. Dieser optische Fehler ist ein schlechtes Zeichen, und man sollte ein solches Instrument nicht kaufen. Weniger bedeutsam ist ein Fehler, der auf eine ungenaue Zentrierung des Objektivs zurückzuführen ist. In diesem Falle hat das extrafokal eingestellte Sternbildchen Tropfenform. Durch Unterlegen von mehr oder weniger dicken Metallblättchen oder dergleichen an der Objektivfassung läßt sich dieser Fehler ausgleichen. Hier sollte man allerdings eine astrooptische Werkstatt bzw. die Herstellerfirma bemühen. Das Auseinandernehmen eines zweilinsigen Objektivs ist zwar leicht. Das Zusammensetzen aber gar nicht! Gelegentlich kann es auch vorkommen, daß der Okularstutzen gegen die optische Achse des Fernrohrobjektivs ein wenig verkantet ist. Diesem Mangel kann man meist selbst beikommen. Bei Spiegelteleskopen ist oftmals auch eine unrichtige Justierung des Hauptspiegels oder Fangspiegels für eine ähnliche Verschlechterung des Sternbildes bei extrafokaler Beobachtung verantwortlich. Auch hier kann man selbst nachhelfen.
Im übrigen sind alle Unregelmäßigkeiten bei der Betrachtung extrafokaler Sternbildchen, sofern sie nicht auf die genannten selbst zu behebenden Fehler zurückzuführen sind, bedenklich. Allerdings muß darauf hingewiesen werden, daß auch ein ungünstiger atmosphärischer Zustand am Beobachtungsabend Bildverschlechterungen hervorrufen kann. Man wird gut daran tun, seine Prüfungen am Himmel mehrmals durchzuführen. Schlechte Luftqualität, vor allem starke Luftunruhe, macht sich bei Beobachtung mit bloßem Auge allein schon dadurch bemerkbar, daß die Fixsterne stark funkeln (szintillieren). Außerdem soll das Fernrohr vor Beginn der Beobachtung genügend Zeit haben, sich der Umgebungstemperatur anzupassen. Man sei also mit einem Urteil über eine Fernrohroptik zurückhaltend, vor allem, wenn man nicht über längere Zeit hinweg zu beobachten Gelegenheit hat oder entsprechende Vergleiche mit anderen Fernrohren anstellen kann.

Natürlich sind auch Doppelsterne geeignete Prüfobjekte für Fernrohre. Vom Auflösungsvermögen der astronomischen Instrumente wurde bereits gesprochen. Im Abschnitt über Doppelsterne (S. 117 ff.) sind einige Beispiele angegeben, die zur Prüfung von Fernrohrobjektiven und -spiegeln geeignet sind. Allerdings muß auch hier wieder auf die Luftqualität hingewiesen werden, die das Auflösungsvermögen von Instrumenten gewaltig herabsetzen kann.

Auch die Lichtstärke von Fernrohren kann direkt am Himmel geprüft werden. Hier kommt aber neben der Luftqualität insbesondere der Helligkeit des Himmelsuntergrunds, die ja besonders in und in der Umgebung von Städten und Industriegebieten sehr groß ist, eine besondere Bedeutung zu. Da zumindest bei uns in Mitteleuropa, wo noch eine beträchtliche Luftfeuchtigkeit hinzukommt, der Himmelsuntergrund verhältnismäßig erhellt ist (beispielsweise gegenüber den Verhältnissen in den Subtropen), wird man die Grenzhelligkeiten für ein bestimmtes Fernrohr nicht allzu niedrig ansetzen dürfen. So müßte beispielsweise ein Fernrohr von 60 mm Öffnung noch Sterne bis knapp 11^{m} erreichen. Bei 100 mm Öffnung wird man bis etwa knapp 12^{m} und bei 150 mm Öffnung bis knapp 13^{m} kommen. Unter hervorragenden Sichtverhältnissen wird diese Grenzhelligkeit vielleicht auch noch eine halbe oder ganze Größenklasse tiefer liegen. Bei weniger günstigen atmosphärischen Bedingungen gelangt man auch vielleicht nur 1, 2 oder sogar nur 3 Größenklassen darüber. Können wir an einem bestimmten Beobachtungsabend wegen Dunst, Aufhellung des Himmels usw. mit freiem Auge z. B. nur noch Sterne der Helligkeit $3^{\mathrm{m}}{,}5$ beobachten, so werden wir mit einem Fernrohr von 60 mm Öffnung nur noch Sterne bis etwa $8^{\mathrm{m}}{,}5$ erkennen können. Oder anders ausgedrückt: Ein Fernrohr von 60 mm Öffnung hat einen Zugewinn von etwa 5 Größenklassen gegenüber der Beobachtung mit bloßem Auge. Bei einem 100 mm-Rohr beträgt dieser Zugewinn etwa 6 Größenklassen usw. Über die Größenklassen selbst berichten wir in dem Kapitel „Die Fixsterne“ (S. 110).

Was kann man aber machen, wenn uns beim Kauf eines Fernrohrs so wenig Zeit zur Verfügung steht, daß wir das Instrument nicht gegen den Himmel richten können? Dann kann die von Wilhelm Volkmann bereits vor über einem halben Jahrhundert entworfene Prüftafel gute Dienste leisten. Wir bilden sie hier ab. Sie hat ein Format von 6×8 cm und muß aus einem Abstand von 20 m betrachtet werden. Falls der Leser die Prüftafel getrennt verwenden möchte, empfiehlt sich eine sorgfältige Fotokopie. Dabei ist zu beachten, daß die Kopie das gleiche Format haben muß.

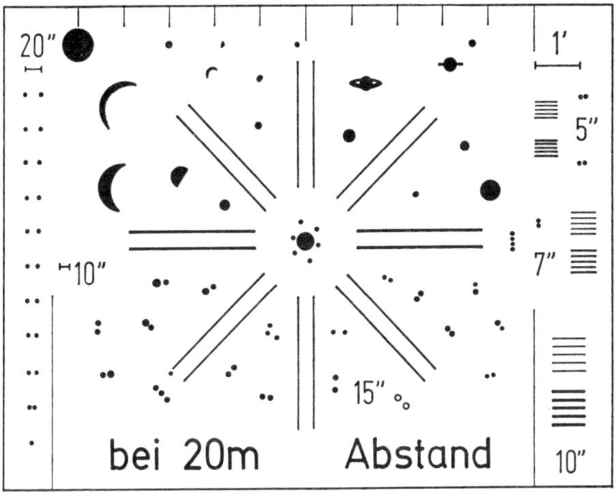

Bild 8. Die Volkmann'sche Prüftafel muß aus einem Abstand von 20 m mit einem kleinen Fernrohr betrachtet werden und kann auch bei schlechtem Wetter bzw. am Tage zur Prüfung eines astronomischen Fernrohrs herangezogen werden

Die Volkmann'sche Prüftafel enthält vor allem einige künstliche Doppelsterne mit einer Distanz von 2 bis 20 Bogensekunden sowie einige Strichscharen mit einer gegenseitigen Distanz von 5″ bis 10″. Weiterhin enthält die Tafel einige bei der Himmelsbeobachtung auftretende geometrische Formen, z. B. Saturn mit seinem Ring, Venus in verschiedener Phasengestalt, die Jupiterscheibe mit Abplattung, einen helleren Stern mit schwachen Begleitern in seiner Nähe usw. Diese Figuren können auch zur Prüfung auf Astigmatismus dienen. Der Vorteil bei der Anwendung der Volkmann'schen Prüftafel besteht aber auch in der Unabhängigkeit von den jeweiligen atmosphärischen Bedingungen. So betrachtet, ergibt sich bei der Anwendung dieser Tafel eine Idealsituation, die sich dann später bei der praktischen Beobachtung am Himmel allerdings nicht ganz erreichen läßt.

Die Beobachtung des Mondes

Der Mond ist der einzige Himmelskörper, auf dem wir bereits mit bloßem Auge Oberflächeneinzelheiten beobachten können. In den dunklen Flecken auf seiner Scheibe sah man früher den Mann im Mond, ein Kaninchen, das aus einem Gebüsch herausspringt, ein Schiefgesicht, einen Bauern mit einem Reisigbündel auf dem Rücken, eine Spinnerin oder zwei Kinder mit einem Wassereimer. Es mag müßig erscheinen, diesen Einzelheiten, die bereits ohne Fernrohr zu erkennen sind, heute noch besondere Beachtung zu schenken. Dem Anfänger unter den Sternfreunden, der sich anschickt, später auch mit Fernrohren Mond und Planeten zu beobachten, sei aber dennoch empfohlen, einfach einmal den Mond, vor allem zur Vollmondzeit, mit bloßem Auge abzuzeichnen. Das ist eine sehr gute Vorübung für spätere Zeichnungen von Mond und Planeten, die zwar mit Fernrohren durchgeführt werden, dafür aber oft unter der atmosphärischen Unruhe erschwert sind.

Noch eine andere Erscheinung können wir sehr leicht mit bloßem Auge beobachten: das Erdlicht auf dem Mond. Erscheint der Mond als eine schmale zunehmende Sichel abends über dem Westhorizont oder als eine abnehmende Sichel morgens über dem Osthorizont, so ist auch der unbeleuchtete Teil unseres Erdtrabanten, also seine Nachtseite, noch schwach erhellt. Dabei handelt es sich um Sonnenlicht, das von der Erde zurückgeworfen wird und auf diesem Umweg die Mondoberfläche erreicht. Daß dieses Erdlicht auf dem Mond vor allem in den Tagen vor und nach Neumond am hellsten ist, hat einmal seine Ursache darin, daß es noch nicht von der hellen Seite des Mondes überstrahlt wird. Zum anderen ist dies aber vor allem darauf zurückzuführen, daß einem gedachten Beobachter auf der Mondoberfläche

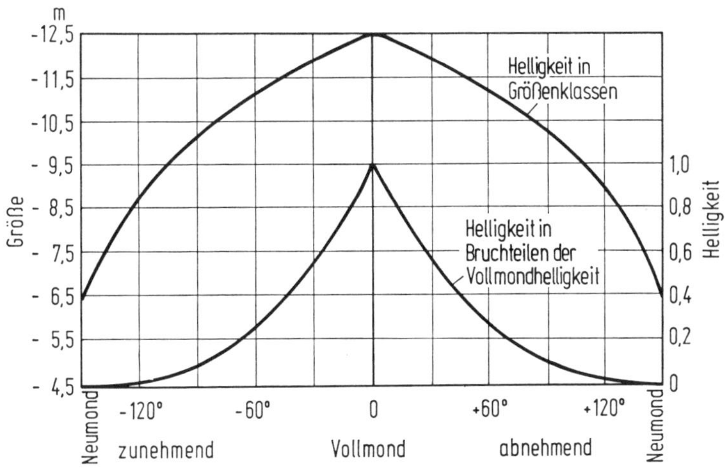

Bild 9. Der Helligkeitsverlauf der Mondphasen

während dieser Zeit praktisch die gesamte Tagseite der Erde zugekehrt ist. Für ihn herrscht also nahezu „Vollerde", während für uns die Zeit um Neumond ist.

Eine einfache rechnerische Überlegung zeigt, daß das Erdlicht auf dem Mond tatsächlich recht hell ausfallen muß: Die Erde ist im Durchmesser rund viermal größer als der Mond, die Fläche der Erdscheibe damit etwa 16mal größer. Ferner ist die Albedo des Mondes, d. h. seine Rückstrahlfähigkeit, mit 0,07 oder 7% bedeutend geringer als die Erdalbedo mit etwa 0,40. Damit scheint die Vollerde vom Mond aus gesehen fast 100mal heller als der Vollmond von der Erde aus gesehen. Die Helligkeit des Erdlichts auf dem Mond ist übrigens recht verschieden. Das ist leicht verständlich, sind doch der Mondoberfläche recht unterschiedlich helle Teile der Erde im Laufe der Zeit zugekehrt. Natürlich spielen auch die örtlichen atmosphärischen Sichtbedingungen eine Rolle, wie hell uns das Erdlicht erscheint. Immerhin ist die Helligkeit gelegentlich so groß, daß bereits mit dem Feldstecher auf der Nachtseite des Mondes noch die „dunklen Flecke" festgestellt werden können. Die Farbe des Erdlichts ist meist aschgrau bis leicht bräunlich, so daß man gelegentlich auch vom „aschgrauen Licht auf dem Mond" spricht. Eine regelmäßige Verfolgung der Helligkeit des Erdlichts auf dem Mond kann recht reizvoll sein. Gelegentlich wurde vermutet, daß die Helligkeitsschwankung dieser Erscheinung periodisch ist. Im März bis Mai soll ein Maximum, im Juni bis August ein Minimum in der Helligkeit des aschgrauen Lichtes eintreten. Aber auch langfristige Schwankungen sind möglich.

Zur Beobachtung feinerer Oberflächeneinzelheiten auf dem Mond wählen wir nicht die Zeit um Vollmond, sondern um das Erste oder Letzte Viertel. Denn bei Vollmond fallen die Sonnenstrahlen so auf die Oberfläche unseres Trabanten, daß wir keine Schatteneffekte wahrnehmen können. So tritt das Relief der Mondoberfläche nicht in Erscheinung.

Mit einem Feldstecher, der eine wenigstens 7fache, noch besser eine 10fache Vergrößerung hat, lassen sich bereits die größten Krater und Ringgebirge erkennen. Ein Fernrohr von etwa 60 mm Öffnung zeigt uns schon so viele Einzelheiten, daß es für den Amateur eine jahrelange Arbeit bedeuten würde, sie alle auf einer Gesamtkarte des Mondes darzustellen. Man sollte daher, was recht reizvoll ist, enger umgrenzte Gebiete herausgreifen und in Einzelzeichnungen darstellen. Dabei empfiehlt sich der Versuch, die betreffende Mondlandschaft unter möglichst verschiedenen Beleuchtungswinkeln zu erfassen, also einmal, wenn die ersten Sonnenstrahlen diese Zone nach Sonnenaufgang gerade erfassen, dann bei allmählich steiler auftreffenden Lichtstrahlen und entsprechend wiederum beim Niedergang der Sonne über diesem Gebiet.

Es ist überraschend, wie verschieden manche Mondlandschaften bei unterschiedlicher Beleuchtung aussehen. Im Laufe mehrerer Monate und Jahre ändert sich dabei übrigens nicht nur der Höhenwinkel, unter dem die Sonne über einer Mondlandschaft erscheint, sondern auch ein wenig das Azimut, d. h. die Sonne kann einmal etwas mehr östlich oder westlich bei gleichem Höhenwinkel am Himmel stehen. Wer keine jahrelange Erfahrung in der Mondbeobachtung hat, wird oft zu dem Trugschluß geführt, echte Veränderungen im Aussehen bestimmter Mondlandschaften, wie z. B. das Neuentstehen eines kleinen Kraters oder eines hellen oder dunklen Fleckchens, entdeckt zu haben, während in Wirklichkeit einfach die unterschiedlichen Beleuchtungsverhältnisse daran schuld sind. Selbst einige bekannte Mondbeobachter sind in den vergangenen Jahrhunderten irregeführt worden, und es gab oft sehr ausgedehnte Diskussionen darüber, ob solche Veränderungen auf der Mondoberfläche reell sind oder nicht.

Nun kann man natürlich keineswegs ausschließen, daß auch heute noch auf der Mondoberfläche der eine oder andere Krater, z. B. durch den Einschlag eines Meteoriten, entsteht. Der Fall eines Meteoriten und die Entstehung eines Kraters auf der Mondoberfläche, der so groß ist, daß er noch mit einem kleinen Fernrohr beobachtet werden kann, also wenigstens einen Durchmesser von einigen hundert Metern oder einigen Kilometern aufweist, ist aber so selten, daß man dieses Ereignis für Zeiträume von einigen Jahrzehnten oder Jahrhunderten kaum in Betracht zu ziehen braucht. Auch vulkanische Prozesse dürften sich auf der Mondoberfläche heute kaum mehr abspielen, es sei denn, es handele sich um schwache Entgasungen, die sich gleichfalls der Beobachtung mit einem Fernrohr von der Erde aus entziehen dürften. Anders steht es mit den sogenannten „moon blinks", über die noch zu berichten ist.

Stellen wir aber hier erst einmal die wichtigsten Oberflächeneinzelheiten des Mondes zusammen, die wir mit Fernrohren beobachten können:

Die großen dunklen Flecke, die bereits mit bloßem Auge festgestellt werden können, werden lateinisch als „Maria" („Meere") bezeichnet. Für kleinere Gebiete dieser Art gibt es auch die Bezeichnung „lacus" („See") oder auch „sinus" („Bucht"). Die „Mond-Maria", dunkle Ebenen aus basaltartigem Gestein, enthalten wesentlich weniger Krater als die Terra-Gebiete. Dies sind die hellen Zonen auf dem Mond, die bei einer Fernrohrbeobachtung von Kratern geradezu übersät erscheinen. Für diese runden Formen auf dem Mond gibt es auch noch die Bezeichnung Ringgebirge und Wallebenen. Von Kratern spricht man meist bei ganz kleinen Objekten, während die Ringgebirge einen Durchmesser zwischen etwa 20 und 100 km haben. Die Wallebenen schließlich haben einen Durchmesser zwischen 100 und 270 km (Bailly). Viele Krater und Ringgebirge, dagegen weniger die Wallebenen, verfügen über Zentralberge. Seltener kommen die „lunar doms" („Beulen") vor. Bei ihnen handelt es sich um blasenartige Objekte von 10 bis 20 km Durchmesser, die auf ihrer Kuppe eine kleine Krateröffnung von nur etwa 1 km Durchmesser zeigen. Die Wallhöhe aller Krater, Ringgebirge usw. steht zum Durchmesser dieser Objekte in einem Verhältnis von etwa 1 : 15 bis 1 : 20, in Extremfällen zwischen 1 : 7 und 1 : 100. Es gibt durchaus einige Krater, deren Wälle 10 000 m und mehr hoch sind.

Besonders interessante Objekte auf der Mondoberfläche sind auch die Rillen (lat. „rimae"). Es sind ungefähr 1 km breite Gräben, die sich teils geradlinig, teils aber auch im Zickzack über die Mondlandschaft hinwegschlängeln. Bereits mit einem kleinen Instrument sehen wir die Hyginus-Rille südlich des Kraters Manilius, die Ariadaeus-Rille etwas östlich davon sowie vor allem das U-förmig geschwungene Schröter-Tal nördlich des Kraters Herodot, das deswegen gelegentlich auch als Herodot-Rille bezeichnet wird. Diese Rillen sind aber meist nur dann einigermaßen deutlich zu erkennen, wenn sie sich nahe der Lichtgrenze, also der Sonnenauf- und -untergangslinie befinden. Eindrucksvoll ist auch die am Rande des Mare Nubium gelegene „Lange Wand" (lat. „Rupes Recta"). Es ist eine Verwerfung mit einer Länge von 100 km und einer Maximalhöhe von 300 m. Auch die langgestreckten Mondgebirge sind eindrucksvolle Studienobjekte. Einige von ihnen liegen rings um das Mare Imbrium, und zwar die Karpathen, Apenninen, der Kaukasus sowie die Alpen und der Jura.

Von einigen Kratern gehen auch radial helle Strahlen aus. Neuere Untersuchungen haben gezeigt, daß es sich dabei offenbar um jüngere Formationen handelt. Die bekanntesten Strahlenkrater sind Tycho, Copernicus, Kepler und Proclus. Die Strahlen des auf der Südhalbkugel gelegenen Tycho haben eine Länge von zum Teil weit über 1000 km. Im Gegensatz zu praktisch allen anderen Objekten der Mondoberfläche sind die hellen Strahlen am besten zur Vollmondzeit zu beobachten.

Daß wir von der Erde aus stets nur dieselbe Halbkugel des Mondes beobachten können, ist auf seine „gebundene Rotation" zurückzuführen: Rotationszeit um seine Achse und Umlaufszeit um die Erde sind gleich lang. Da aber die Umlaufsgeschwindigkeit des Mondes auf seiner elliptischen Bahn im Gegensatz zu seiner Rotationsgeschwindigkeit ungleich ist, kommen diese beiden Vorgänge im Laufe eines Monats

Tafel 1: Großes Foto: KOSMOS-Newton-Spiegelteleskop, Modell 880, auf MEADE-Montierung Typ 2. – Unten rechts: Eines der beliebtesten Schmidt-Cassegrain-Teleskope, das MEADE 8-Zoll-Fernrohr, Modell 2080. Als Leitrohr dient ein MEADE-4-Zoll-Schmidt-Cassegrain, Modell 2044.

IR-Stern
OH-Zentrum
05h33m00s

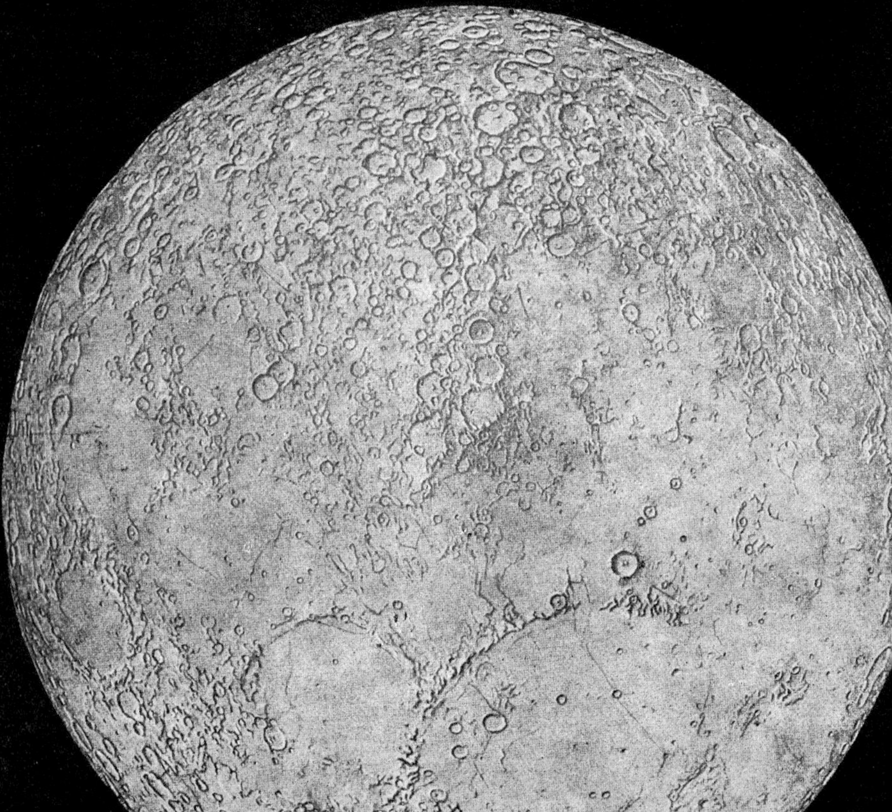

Bild 10. Skelettkarte des Mondes für einfache Beobachtungen mit kleineren Instrumenten. Die nach Nummern geordnete Liste der Mondkrater finden Sie auf der Seite 185

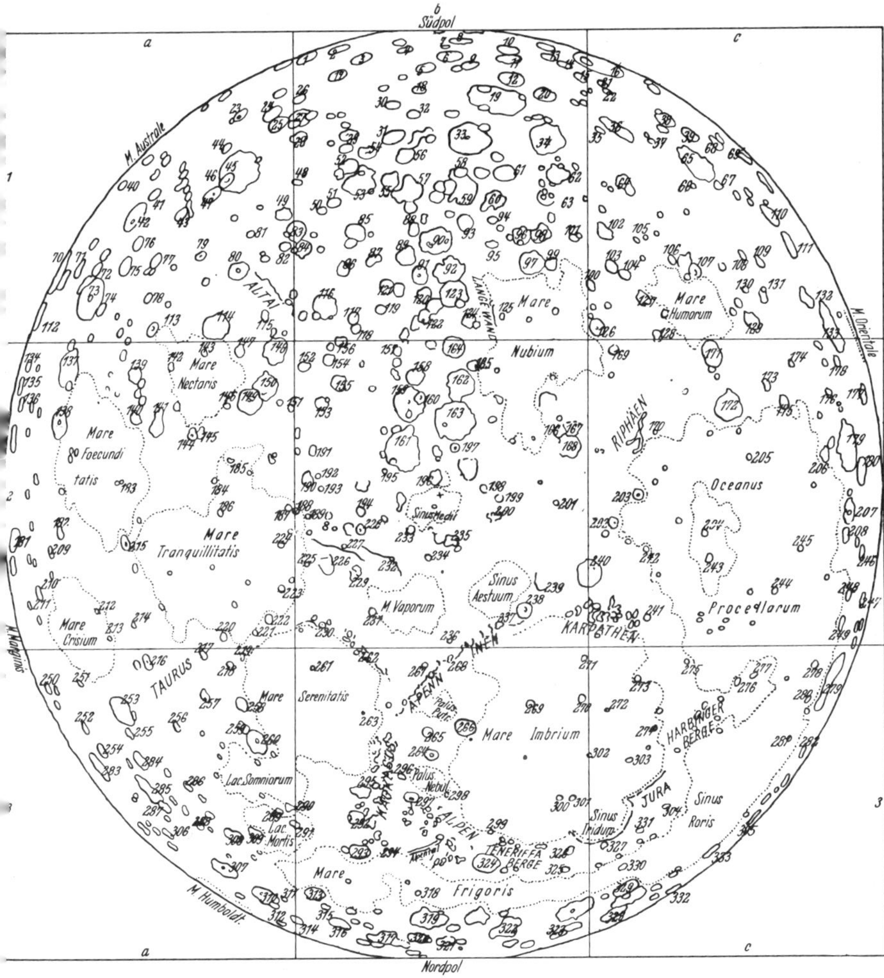

Tafel 2: Der Mond im umkehrenden Fernrohr

ein wenig „außer Takt". Diese Erscheinung nennt man Libration. Daneben gibt es aber auch noch andere, kleinere Librationseffekte. Sie alle führen dazu, daß wir im Laufe der Zeit nicht genau 50%, sondern etwa 59% der Mondoberfläche von der Erde aus überblicken können. Natürlich sind die am Rand der Mondscheibe gelegenen Einzelheiten nur mit starker perspektivischer Verzerrung zu beobachten. Doch mag es für einen „Nicht-Astronauten", der keine Gelegenheit hat, eine Reise um den Mond herum zu machen, recht reizvoll sein, auch diese Gebiete der Mondoberfläche zu studieren. So können wir beispielsweise bei zunehmendem Mond westlich des ovalen Mare Crisium ein kleines Dunkelgebiet beobachten, das man früher oft als „Mare Avis" („Vogelmeer") bezeichnete, da es wie ein fliegender Vogel aussieht. Noch näher am Rand erscheint gelegentlich ein anderes Dunkelgebiet, das „Mare Marginis" („Randmeer"). Zu anderen Zeiten ist bei abnehmendem Mond am gegenüberliegenden Mondrand ein Teil des „Mare Orientale" („Östliches Meer") zu beobachten, das aber zum großen Teil auf die rückwärtige Seite des Mondes hinüberreicht und erst vollständig bei unbemannten und bemannten Mondflügen fotografiert werden konnte.

Zunächst wird man sich überhaupt einmal mit den Oberflächenformationen und ihren Namen anhand einer geeigneten Mondkarte vertraut machen. Man kann sich an Helligkeitsschätzungen der einzelnen Mondobjekte heranwagen, wobei man sich einer Skala von H. J. Klein und H. K. Kaiser bedienen sollte. Sie reicht von der Klasse 0 bis 10, wobei 0 den vollkommenen Schatten auf der Mondoberfläche, 10 den besonders hellen Zentralberg des Kraters Aristarch bedeutet. Überhaupt ist der Krater Aristarch das hellste Objekt auf der Mondoberfläche. Wir können dies wiederum zur Vollmondzeit besonders gut feststellen.

Sodann gehen wir an einzelne Zeichnungen heran. Man kann sich dabei je nach zeichnerischer Begabung ganz verschiedener Verfahren bedienen. Am einfachsten sind Umrißskizzen oder Skelettzeichnungen, die auf eine Wiedergabe der Höhenunterschiede weitgehend verzichten. Schwieriger sind dagegen räumlich wirkende Darstellungen, die das Relief der Mondoberfläche herausarbeiten. Das ist durch plastische Zeichnungen ebenso möglich wie durch die Wiedergabe von Schichtlinien, wie sie beispielsweise von Ph. Fauth bevorzugt wurden. Unsere

Bild 11. Beispiel für die Zeichnungsweise von Mondlandschaften aus einer Mondkarte von Philipp Fauth

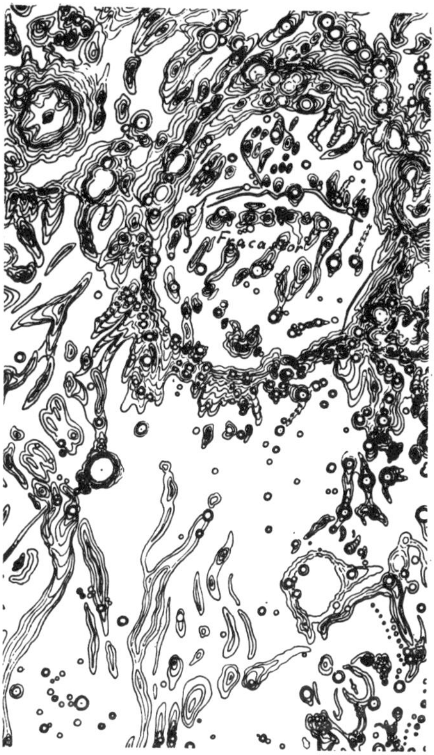

Beispiele verschiedener Mondbeobachter sollen hier einige Anregungen bieten (vergleiche auch Tafel 3).

Das Zeichnen bestimmter Mondlandschaften zwingt übrigens den Beobachter, sich viel eingehender mit bestimmten Gebieten unseres Erdtrabanten und seinen Eigentümlichkeiten zu beschäftigen als noch so schöne Fotografien. Diese Aufnahmen mögen zwar oft eine große technische Brillanz zeigen, und auch dies gehört natürlich zu den Zielen zumindest des fotografisch arbeitenden Amateurs. Wahrscheinlich aber werden viele Sternfreunde eigene Zeichnungen auf die Dauer doch mehr befriedigen, da man hierbei viel stärker persönliche Eigenheiten ausspielen kann. Eine Sammlung sorgfältig erstellter Zeichnungen ausgewählter Mondlandschaften ist ein außerordentlich individuelles Dokument.

In den letzten Jahren haben sich verschiedene Amateure oder ganze Gruppen von Amateuren mit besonders ausgewählten Gebieten der Mondoberfläche beschäftigt. Dazu gehört beispielsweise der Krater Aristarch, von dem die Gruppe Berliner Mondbeobachter geradezu ein ganzes Archiv von Zeichnungen angefertigt hat. Andere lohnende Einzelobjekte sind beispielsweise der Krater Alphonsus, die Wallebene Plato und die Gebiete um Copernicus und Kepler. Hier kann man bei verschiedenen Beleuchtungsverhältnissen interessante Detailstudien betreiben.

Die genannten Krater und ihre Umgebung sind auch verdächtige Gebiete für „moon-blinks". Der bekannteste Fall dieser Art fand am 3. November 1958 in der Nähe des Zentralberges des Alphonsus statt. An diesem Tag beobachtete der sowjetische Astrophysiker N. Kozyrev am astrophysikalischen Observatorium auf der Krim eine rötliche Verfärbung, die einige Minuten anhielt. Es gelang ihm, etwa gleichzeitig ein Spektrogramm dieser Erscheinung zu erhalten, in dem einige dunkle Banden zu sehen waren, die Kohlenstoffverbindungen zugeordnet werden könnten. Möglicherweise handelte es sich also um einen vulkanischen Gasausstoß. Doch blieb diese Deutung nicht unumstritten. Andererseits wurden auch von anderen Autoren vor und nach Kozyrev im Innern von Alphonsus rötliche Flecke und ähnliche Erscheinungen beobachtet. Dasselbe gilt übrigens für die anderen erwähnten Krater, zu denen auch noch Proclus, Bullialdus, Censorinus, Hyginus N sowie vielleicht Theophilus gehören.

Neuerdings faßt man alle diese Erscheinungen auch unter der englischen Bezeichnung „Transient Lunar Phenomena" (TLP-Objekte) zusammen. An der Spitze stehen dabei die rötlichen Flecke, die auf Entgasungsprozesse und möglicherweise auch auf Lumineszenzerscheinungen zurückgeführt werden können. Dabei stellt man sich vor, daß bei Sonneneruptionen ausgesandte Ultraviolettstrahlen oder elektrisch geladene Teilchen (Korpuskularstrahlen) die Mondoberfläche wegen des Fehlens einer Atmosphäre und eines Magnetfelds ungehindert erreichen und die austretenden Gase zum Eigenleuchten bringen.

Tatsächlich haben statistische Untersuchungen gezeigt, daß nach Sonneneruptionen eine gewisse Häufung im Auftreten solcher rötlicher Flecke zu verzeichnen ist. Neuere Arbeiten weisen auch auf folgenden Zusammenhang hin: Anläßlich der Apollo-Flüge wurden bekanntlich auf der Mondoberfläche mehrere Seismometer aufgestellt, die auch in den nachfolgenden Jahren über die an der Mondoberfläche stattfindenden schwachen Beben Auskunft gaben. Es zeigte sich dabei einmal, daß die Häufigkeit der Mondbeben um so größer ist, je näher der Mond am erdnächsten Punkt seiner monatlichen Umlaufbahn (Perigäum) steht. Andererseits wurde auch eine größere Häufigkeit der TLP-Objekte zu diesen Zeiträumen festgestellt. Man könnte daraus also tatsächlich schließen, daß es Entgasungsprozesse am Mondboden sind, die die TLP-Objekte hervorrufen. Das letzte Wort hierüber ist allerdings noch nicht gesprochen.

Wer sich auf eine systematische Beobachtung der „rötlichen Flecke" einlassen will, sollte vorher eine jahrelange Übung in der Mondbeobachtung haben, um mit einiger Sicherheit entscheiden zu können, ob es sich um echte Phänomene dieser Art handelt. Zur Beobachtung der rötlichen Flecke sind auch Farbfilter, vor allem Rot- und Blaufilter nützlich, die man wechselweise einsetzt. Man kann dabei die beiden Filter auch vor dem Fernrohrobjektiv oder – bei einem Spiegelteleskop – vor dem Fernrohrtubus so rotieren lassen, daß sich die rötlichen Flecke durch ein Flackern ihrer Helligkeit verraten.

Von etwas geringerer Bedeutung sind zeitweise Verdüsterungen an einzelnen Stellen der Mondoberfläche, insbesondere in der Nähe der Tag- und Nacht-Grenze. Sie können verschiedene Ursachen haben, z. B. aufgewirbelte Staubwolken, hervorgerufen durch Entgasungsprozesse, Halbschatteneffekte der Mondberge und Kraterwälle, Aufhellungen von Schattengebieten durch an benachbarten Bergen reflektiertes Licht, zerrüttete Struktur des Mondbodens usw.

Schließlich sollen noch gelegentlich die „flashes", also plötzliche, blitzartige Aufhellungen, zu beobachten sein. Sie mögen mit Aufstürzen von Meteoriten in Verbindung stehen. Von diesen Erscheinungen gibt es allerdings nur wenige und nicht verbürgte Beobachtungen.

Alles in allem handelt es sich bei den Beobachtungen über Veränderungen an der Mondoberfläche um ein heikles Gebiet, auf das sich der Amateur erst nach langem Zögern begeben sollte. TLP-Objekte wird man nur dann als reell bezeichnen dürfen, wenn sie von wenigstens zwei bis drei Beobachtern gleichzeitig, an derselben Stelle der Mondoberfläche und unabhängig voneinander, gemeldet wurden. Auch wird man zu ihrer Überwachung etwas größere Instrumente benötigen, und zwar mindestens mit einer Öffnung von 15 cm, bei Spiegelteleskopen sogar 30 cm. Sammelstelle für TLP-Meldungen ist die Smithsonian Institution, Center for Short Lived Phenomena, 60 Garden Street, Cambridge, Mass. 02138, USA.

Die Beobachtung der Sonne

Auf längere Sicht befriedigt den Sternfreund vor allem die Beobachtung solcher Objekte, die irgendwelche Veränderungen zeigen, die bereits mit kleinen Fernrohren sehr gut verfolgt werden können. Dazu bietet sich besonders die Sonne mit ihrer ständig wechselnden Fleckentätigkeit an. Auch die Fackeln können schon mit Amateurinstrumenten beobachtet werden. Wegen der großen Strahlungsintensität der Sonne muß aber dringend davor gewarnt werden, direkte Beobachtungen durch das Okular zu versuchen. Das gilt auch für den Fall, daß die Sonne nahe dem Horizont steht und dadurch abgeschwächt erscheint. Während wir die Sonne durch ein Stück berußtes Glas oder ein völlig geschwärztes Fotonegativ mit bloßem Auge gerade noch ungefährdet beobachten können, gilt dies für Fernrohrbeobachtungen nicht mehr. Hier müssen wir in jedem Fall ein kräftiges Dämpfglas auf das Okular aufschrauben oder -stecken. Solche Dämpfgläser verschiedener Stärke werden oft den käuflich zu erwerbenden kleinen Fernrohren mitgegeben.

Bei hohem Stand der Sonne und bei Beobachtungen außerhalb der Dunstglocke von Großstädten kann aber ein solches Dämpfglas sich innerhalb weniger Minuten so stark erhitzen, daß es zerspringt. Man sollte daher Sonnenbeobachtungen mit Dämpfgläsern nur über ganz kurze Zeit hinweg durchführen und dann das Instrument zur Abkühlung des Dämpfglases an eine andere Stelle des Himmels richten. Noch besser ist die Verwendung von zwei hintereinandergeschraubten Dämpfgläsern. Dadurch wird nicht nur die Absorptionswirkung verstärkt, sondern auch eine Gefahr für das Auge beim Zerspringen eines der beiden Dämpfgläser ausgeschlossen.

Bei Instrumenten mit größerer Objektiv- oder Spiegelöffnung sollte

man auf die Anwendung von Dämpfgläsern vollständig verzichten oder diese Instrumente auf etwa 5 bis 8 cm Öffnung abblenden.
Neuerdings werden Filter angeboten, die man am Vorderende des Fernrohrtubus anbringen kann. Sie bestehen aus mit Aluminium beschichteten Kunststoffolien, die nur einen minimalen Bruchteil der auftreffenden Sonnenstrahlen durchlassen. Diese Filter sind verhältnismäßig preiswert. Sie dämpfen die Sonnenstrahlung zu einem sehr angenehmen, weißen und keineswegs mehr blendenden Licht. Bei diesen Sonnenfiltern besteht auch nicht mehr die Gefahr, daß sie zerplatzen.
Von den anderen „klassischen" Methoden zur Sonnenbeobachtung sei die Anwendung besonderer Sonnenokulare genannt. Die einfachste Möglichkeit besteht darin, das Sonnenlicht an der Oberfläche zweier rechtwinkliger Prismen oder zweier um 45 ° gegen den Strahlengang geneigten planparallelen Glasplatten reflektieren zu lassen, ehe es in das Okular gelangt. Dadurch werden nur etwa ein bis zwei Promille

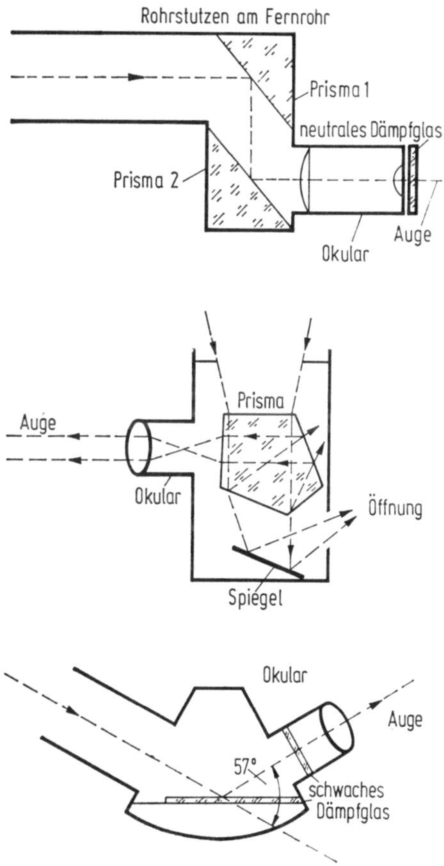

Bild 12. Beispiele verschiedener Sonnenokulare. Oben ein Sonnenokular, dessen Reflexionsprismen einen verhältnismäßig hohen Anteil der Sonnenstrahlung vernichten. In der Mitte ein Sonnenokular mit Pentagonprisma. Unten Sonnenokular nach R. Brandt mit Reflexions- und Polarisationswirkung

des einfallenden Sonnenlichts durchgelassen. Trotzdem wird man auch in diesem Falle vor allem bei hochstehender Sonne noch hinter das Okular ein schwaches Dämpfglas aufschrauben müssen. Beim Pentaprisma (ein fünfseitiges Prisma) wird die Intensität der Sonnenstrahlung sogar fast auf 1 Millionstel vermindert. Schließlich sei noch auf die Möglichkeit hingewiesen, sich die Polarisation des Lichtes zunutze zu machen. Fällt Licht unter einem Winkel von 57° auf eine Glasscheibe, so wird es nicht nur zu einem bereits verminderten Teil reflektiert, sondern auch vollständig polarisiert, d. h. es schwingt nur in einer bestimmten Ebene. Zusammen mit einem entsprechenden Dämpfglas kann eine ungefährliche Beobachtung erzielt werden.
Noch ungefährlicher und ohne besondere Kosten ist die Projektion des Sonnenbildes auf eine weiße, möglichst strukturlose Papierfläche. Vor allem mit Rücksicht auf die Positionsbestimmung der Sonnenflecken (s. S. 49) ist diese Methode nach jahrelanger Erfahrung des Autors am bequemsten und bringt auch gegenüber der direkten Beobachtung keinerlei Verlust an Einzelheiten mit sich. Man muß nur darauf achten, daß man für den Projektionsschirm eine geeignete Papiersorte wählt (die für die Dia- und Kinoprojektion angebotenen Projektionsflächen eignen sich hierzu meist überhaupt nicht) und daß die Projektionsfläche im Schatten liegt. Steht das Fernrohr vollständig im Freien, sollte man daher mit einem über Projektionsschirm und Kopf des Beobachters gestülpten schwarzen Tuch beobachten, wie es früher die Fotografen zur Beobachtung des Mattscheibenbildes benutzten. Steht das Instrument dagegen am Fenster eines Zimmers, sollte man die übrigen Fenster verdunkeln und auch das Fenster, durch das die Beobachtung erfolgt, weitgehend mit Vorhängen oder dergleichen

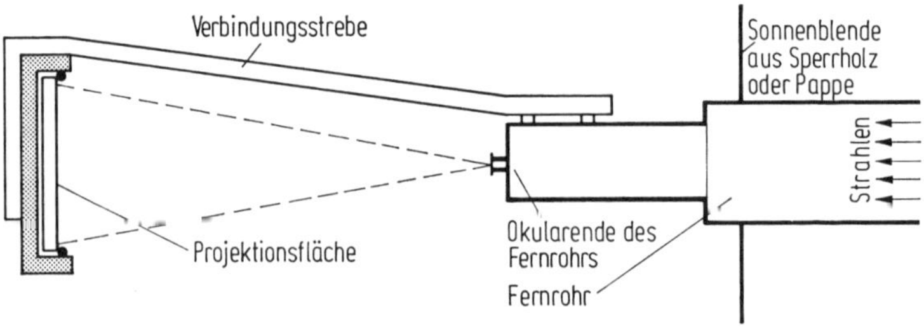

Bild 13. Aufbau eines einfachen Projektionsschirms zur Sonnenbeobachtung

verhängen, so daß das Projektionsbild in ein nahezu verdunkeltes Zimmer fällt. Eine über den Fernrohrtubus geschobene undurchsichtige Blende aus dickem Karton oder dergleichen ist in jedem Falle erforderlich, genügt aber meist nicht allein, um ein kontrastreiches Bild zu erhalten. Übrigens kann man auch mit Hilfe von Feldstechern Projektionsbilder erhalten, muß aber die eine Hälfte des Doppelglases abdecken, um Bildüberschneidungen zu vermeiden.
Das Einstellen des Fernrohrs auf die Sonne selbst kann natürlich nicht direkt erfolgen. Vielmehr beobachten wir den Schatten des Fernrohrtubus auf dem Projektionsschirm oder dem Fußboden. Je mehr sich dieser einem Kreis annähert, desto dichter sind wir mit unserem Fernrohr an die Sonne herangekommen. Es bedarf nur einer kurzen Einübungszeit, um auf diesem Wege innerhalb weniger Sekunden das Fernrohr auf die Sonne einzustellen.
War das Fernrohrokular von früheren Nachtbeobachtungen her auf unendlich scharf eingestellt, so werden wir nun allerdings ein etwas unscharfes Sonnenbild erhalten. Wir müssen das Okular noch ein wenig herausdrehen, um ein scharfes Projektionsbild der Sonne zu erhalten.
Wie bei der Projektion mit einem Dia- oder Filmgerät hängt die Bildgröße von der Projektionsentfernung ab. Das Sonnenbild wird also um so größer ausfallen, je weiter wir unseren Projektionsschirm vom Okularende entfernen. Gleichzeitig wird aber das Bild lichtschwächer. Daraus geht hervor, daß wir zur Sonnenprojektion ein möglichst langbrennweitiges unverkittetes Okular geringer Vergrößerung anwenden sollten. Für die normale Sonnenfleckenüberwachung werden wir die Bildgröße nicht zu weit treiben. Ein Durchmesser der Sonnenscheibe von 15 cm genügt vollauf. Bei kleineren Instrumenten von etwa 6 cm Öffnung wird man auch mit einem Bilddurchmesser von 11 cm zufrieden sein können. Nur für gelegentliche Detailbeobachtungen kann man bei guter Luftqualität auch einmal einen größeren Sonnenbilddurchmesser wagen.
Wenn zuvor gesagt worden ist, die Projektion des Sonnenbildes sei völlig ungefährlich, so muß allerdings für Besitzer etwas größerer Instrumente hinzugefügt werden, daß man ab etwa 15 cm Objektiv- oder 20 cm Spiegelöffnung, vor allem bei hochstehender Sonne, auf wenigstens diesen Durchmesser abblenden sollte. Sonst läuft man Gefahr, daß das Okular zerplatzt.

Bereits mit sehr kleinen Fernrohren sowie mit einem Feldstecher können wir die Sonnenflecken beobachten. Oft schließen sie sich zu Gruppen zusammen, die eine Länge bis zu etwa 300 000 km erreichen können. Daneben gibt es sehr kleine Flecken, sogenannte „Poren", die auch mit etwas größeren Instrumenten nur gerade eben noch wahrnehmbar sind. Die kleinen Flecken zeigen sich nur als winzige Pünktchen, wärend die etwas größeren Flecken eine deutliche Zweiteilung aufweisen: Um einen dunkleren Kern (lat. umbra, eigentlich zu deutsch „Schatten") liegt ein etwas hellerer Hof (lat. penumbra, Halbschatten). Derartige Hofflecken können kreisrund sein oder auch eine recht unregelmäßige äußere Begrenzung zeigen. Der Kern kann sich gelegentlich in zwei oder mehrere Teile aufspalten. Unter guten Beobachtungsbedingungen und mit größeren Instrumenten zeigen sich noch weitere Einzelheiten, z. B. fadenartige Strukturen und Knoten in der Penumbra. Größere Sonnenfleckengruppen bestehen unter Umständen aus Dutzenden, gelegentlich sogar bei stärkerer Vergrößerung bzw. größerem Projektionsbild aus Hunderten von Einzelflecken.
Die erste Aufgabe eines Amateurs ist die möglichst tägliche Bestimmung der Sonnenfleckenrelativzahl. Da die Ermittlung dieses Wertes nur wenige Minuten in Anspruch nimmt, können auch solche Tage ausgenutzt werden, in denen die Sonne nur für kurze Zeit durch Wolkenlücken hindurchscheint. Es ist dabei möglich, die Sonne in Mitteleuropa an durchschnittlich etwa 250 Tagen im Jahr zu beobachten. Allerdings muß man dabei stets auf der „Lauer" liegen. Berufstätige werden sich vielleicht mit nur etwa 150 Beobachtungstagen im Jahr begnügen müssen. Es sei bei dieser Gelegenheit darauf hingewiesen, daß man vielfach die Sonne gleich nach Sonnenaufgang am frühen Morgen, also noch vor Beginn der täglichen Arbeit, beobachten kann. Zu dieser Tageszeit ist übrigens auch das Sonnenbild wegen der geringeren Luftunruhe verhältnismäßig scharf. Die Sonnenfleckenrelativzahl berechnet sich nach folgender einfacher Formel: $R = k\,(10 \cdot G + F)$, wobei R die Relativzahl, k ein von der Instrumentengröße und Luftqualität abhängiger Reduktionsfaktor, G die Zahl der Fleckengruppen und F die Gesamtzahl aller in den Gruppen befindlicher Flecken bedeutet. Um den Faktor k brauchen wir uns vorläufig nicht zu kümmern, da er nur von Interesse ist, wenn die Beobachtungsreihen zahlreicher Amateure oder wissenschaftlicher Institute auf eine einheitliche

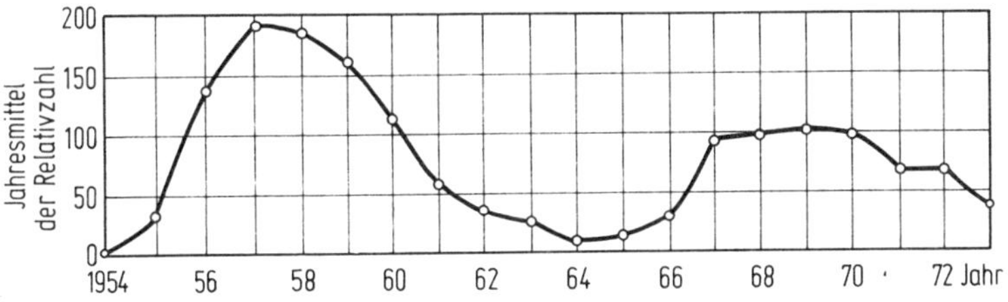

Bild 14. So schwankte die Sonnenfleckenaktivität in den Jahren 1954 bis 1973. Aufgezeichnet sind die Jahresmittel der Sonnenfleckenrelativzahlen

Basis reduziert werden sollen. Der Faktor k ist natürlich um so größer, je kleiner das Instrument ist, und umgekehrt. Aus der angegebenen Formel geht übrigens hervor, daß (wiederum abgesehen von dem Faktor k) auf die Relativzahl 0 (Sonne völlig fleckenfrei) sofort die Relativzahl 11 folgt. Denn sollte ein einzelner, winziger Fleck vorhanden sein, so zählt dieser bereits als eine Gruppe. Es gilt also $R = 10 \cdot 1 + 1 = 11$.

Zur Ermittlung der Fleckenrelativzahlen hat sich eingebürgert, die Größe des projizierten Sonnenbildes auf 15 cm Durchmesser festzulegen. Langjährige Sonnenbeobachtungen zeigen eine periodische Veränderung in der Aktivität. Man spricht von einer durchschnittlich 11,07jährigen Fleckenperiode. Doch kann die Länge des Zyklus im Extremfall zwischen etwa 7 und 15 Jahren schwanken. Auch die Höhe der Maxima ist recht unterschiedlich. Das stärkste Sonnenfleckenmaximum seit Einführung systematischer Sonnenbeobachtungen im 17. Jahrhundert beobachtete man im Jahre 1957. Damals kletterte ein Monatsmittel auf immerhin 201,3. Selbst das Jahresmittel erreichte fast 190. Dagegen erzielte das Maximum des Jahres 1816 nur eine Relativzahl von 49. Während des Minimums kann die Sonne über mehrere Tage, manchmal sogar einige Wochen hinweg vollständig fleckenfrei sein. Die beiden letzten Sonnenfleckenmaxima fanden übrigens in den Jahren 1968 und 1980 statt. Das erste zeigte nur eine mäßige Aktivität, das zweite war etwas über dem Durchschnitt. Das nächste Minimum dürfte etwa 1986 zu erwarten sein.

Die zahlenmäßige Festlegung der Sonnenaktivität ist für den Liebhaberastronomen eine reizvolle, langdauernde Beschäftigung. Er kann seine Relativzahlen zu Monatsmitteln zusammenfassen, indem er die Summe aller in einem Monat bestimmten Relativzahlen durch die Anzahl der Beobachtungstage teilt (arithmetisches Mittel), und kann die Monatsmittel auf ähnliche Weise zu einem Jahresmittel zusammenfassen. Später kann er dann seine Werte mit den von den wissenschaftlichen Instituten in verschiedenen Zeitschriften veröffentlichten Relativzahlen vergleichen. Eine Amateur-Sonnengruppe kann über die Wilhelm-Foerster-Sternwarte in Berlin erreicht werden.

Außer der Bestimmung von Relativzahlen bietet sich die Anfertigung von Zeichnungen der einzelnen Sonnenfleckengruppen an. Da es sich um flächenhafte Objekte handelt, ist dies verhältnismäßig einfach. Man wird dabei die Zeichnungen im Einheitsdurchmesser des Projektionsbildes von 15 cm anlegen, besonders auffällige Sonnenfleckengruppen aber auch noch nach einem größeren Projektionsbild zeichnen.

Im Laufe von Tagen und Wochen stellen wir Veränderungen in den Sonnenfleckengruppen fest. Alte Gruppen verschwinden, neue Flecken erscheinen. Außerdem registrieren wir eine Wanderung der Sonnenflecken vom Ost- zum Westrand der Sonnenscheibe. Beobachten wir dabei die Sonne mit dem umkehrenden astronomischen Fernrohr direkt durch das Okular bzw. ein Sonnenfilter, so liegt der Ostrand rechts, der Westrand links, Süden ist oben, Norden unten. Auf dem Projektionsbild erscheint dagegen Norden oben, Süden unten, während die Lage von Osten und Westen die gleiche ist wie beim direkten Beobachten. Die Flecken laufen also von rechts nach links über die Sonnenscheibe hinweg.

Die tatsächliche Rotationszeit der Sonne beträgt am Äquator 25,03 Tage. In etwas höheren Breiten wächst die Rotationsperiode allmählich an. Bereits in 16° nördlicher oder südlicher Breite erreicht die Rotationszeit 25,38 Tage, und in der Nähe der Rotationspole liegt sie sogar über 30 Tage. Dabei handelt es sich aber um die sogenannte siderische Rotationsperiode. Da sich die Erde auf ihrer Jahreswanderung um die Sonne in der Richtung der Sonnenrotation bewegt, scheint die Umdrehung der Sonne von uns aus gesehen ein wenig verzögert. Dies ist die synodische Rotationsperiode der Sonne, die für 16° Breite 27,275 Tage beträgt. Taucht also am Ostrand der Sonnenscheibe eine neue Fleckengruppe auf, so dauert es etwa 13 Tage, bis sie am gegenüberliegenden Westrand wieder verschwindet. Es kann gelegentlich

vorkommen, daß man dieselbe Fleckengruppe wiederum etwa 14 Tage später am Ostrand auftauchen sieht.
Für die Klassifizierung der Sonnenfleckengruppen dient ein Schema, das erstmals von der Eidgenössischen Sternwarte Zürich eingeführt wurde. Es stimmt etwa mit der Entwicklung einer großen Sonnenfleckengruppe überein und ist auf unserer beigefügten Zeichnung (Seite 48) dargestellt. Darin bedeutet der Typ
A: ein kleiner Einzelfleck ohne Hof;
B: eine Gruppe kleiner Einzelflecken ohne Hof;
C: eine Gruppe mit einem Hoffleck, der sich in der Regel am Westrand, also auf der in Rotationsrichtung vorausgehenden Seite der Fleckengruppe befindet;
D: eine Gruppe mit wenigstens zwei Hofflecken, die sich in der Regel am West- und Ostrand der Gruppe befinden (bipolare Gruppe);
E: eine etwas größere bipolare Gruppe, die auch schon über mehrere kleinere und größere Hofflecken verfügen kann;
F: eine große Gruppe mit zahlreichen Hofflecken, wobei die Höfe der einzelnen Flecken zu einem großen gemeinschaftlichen Saum um mehrere Fleckenkerne vereinigt sind;
G: eine Gruppe, die über einen größeren Hoffleck verfügt, dessen Kern die Neigung zeigt, sich in einzelne kleinere Kerne aufzulösen;
H: ein größerer, rundlicher Hoffleck, zum Teil mit einigen kleineren Einzelflecken verbunden;
I: ein kleinerer Hoffleck, unter Umständen mit wenigen kleinen Einzelflecken verbunden (Ausdehnung der Gruppen s. S. 48).
Nur die ganz großen Sonnenfleckengruppen durchlaufen das ganze Schema, bei dem sich an den Typ I übrigens noch der Typ A anschließt. Nur etwa 2% aller neuentstandenen Flecken erreichen überhaupt das höchste Entwicklungsstadium F. Die meisten kommen nur bis B, C, D oder allenfalls E und bilden sich dann wieder zurück. Bei der Klassifizierung der Sonnenflecken kann es zu Irrtümern kommen, wenn zwei Fleckengruppen unmittelbar benachbart sind. Die Fleckengruppen selbst zeigen übrigens auch noch eine Eigenbewegung, die im Laufe der Wochen dazu führen kann, daß zwei Fleckengruppen nahezu verschmelzen oder so dicht beieinanderstehen, daß eine Klassifizierung erschwert ist.
Wer eine noch vollständigere Sonnenfleckenstatistik anlegen möchte, sollte auch Positions- bzw. Koordinatenbestimmungen an den Sonnen-

Bild 15. Die Klassifikation der Sonnenflecken

Tabelle: Die heliographische Breite des Sonnenscheibenmittelpunktes jeweils für den Monatsersten

Datum	P	B_0
1. Januar	+ 2,5°	– 3,0°
1. Februar	– 11,9°	– 6,0°
1. März	– 21,6°	– 7,2°
1. April	– 26,2°	– 6,5°
1. Mai	– 24,2°	– 4,1°
1. Juni	– 15,4°	– 0,6°
1. Juli	– 2,7°	+2,9°
1. August	+10,9°	+5,8°
1. September	+21,1°	+7,2°
1. Oktober	+26,0°	+6,7°
1. November	+24,5°	+4,3°
1. Dezember	+16,1°	+0,8°

flecken durchführen. Dazu dienen Gradnetze, wie sie hier in Beispielen abgebildet sind. Man sollte diese Gradnetze gerade auf den projizierten Sonnendurchmesser von 15 cm vergrößern. Wegen der Neigung der Sonnenachse gegenüber der Sichtlinie Erde – Sonne müssen im Laufe des Jahres verschiedene Gradnetze herangezogen werden. Der Sonnenscheibenmittelpunkt kann nämlich zwischen etwa +7° und –7° Abstand vom Sonnenäquator hin- und herschwanken. Diesen Abstand vom Sonnenäquator bezeichnet man als heliographische Breite.
Die heliographische Breite des Sonnenscheibenmittelpunkts B_0 wird in vielen astronomischen Jahrbüchern angegeben. Für eine grobe Orientierung sollen hier jedoch die Daten wenigstens für jeden Monatsersten zusammengestellt werden. Dasselbe gilt auch für den Positionswinkel der Rotationsachse der Sonne in bezug auf die Nord-Süd-Richtung P. Dabei bedeutet ein + Abweichung nach Westen, ein – Abweichung nach Osten.
Wie stellt man nun aber das Gradnetz richtig ein? Zunächst markieren wir auf unserer Schablone mit einem geraden Strich die Ost-West-Richtung. Dann bringen wir irgendeinen auffälligen Sonnenfleck bei feststehendem Fernrohr (eine eventuelle automatische Nachführung

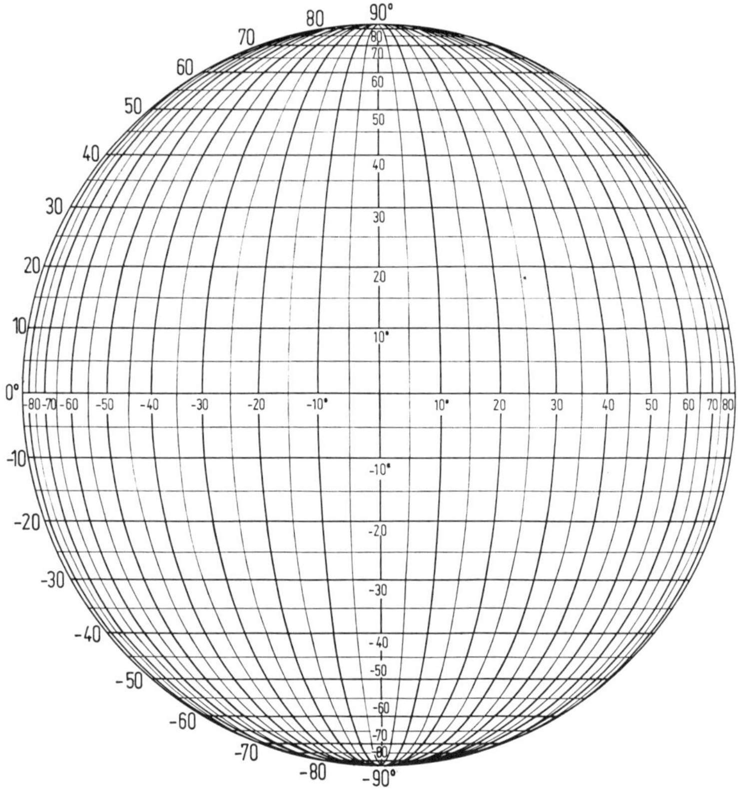

Bild 16. Gradnetz zur Beobachtung der Sonne bei einer heliographischen Breite von $B_0 = 0°$

ist also zunächst abgestellt) an das östliche Ende dieses Strichs. Jetzt beobachten wir, ob sich der Fleck nach oben oder unten von diesem Strich wegbewegt, und drehen unsere Gradnetzschablone so lange in die erforderliche Richtung, bis der Sonnenfleck genau auf unserer markierten Ost-West-Linie läuft.

Tafel 3: Oben: Beispiel für die Zeichnungsweise von Mondlandschaften. – Unten: Die Sonne mit Flecken am 11. August 1947 (Fraunhofer-Institut, Freiburg-Schauinsland)

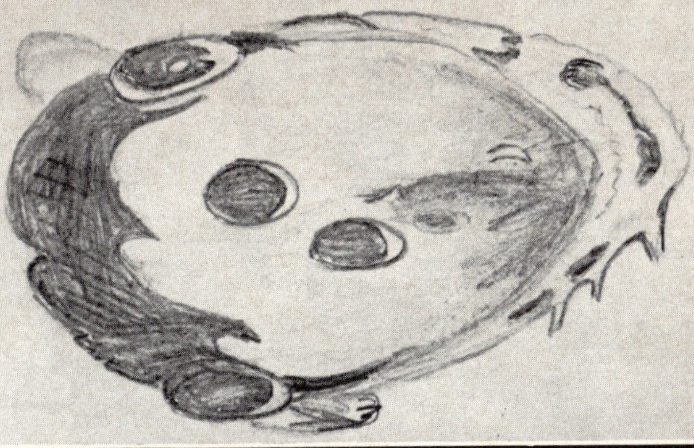

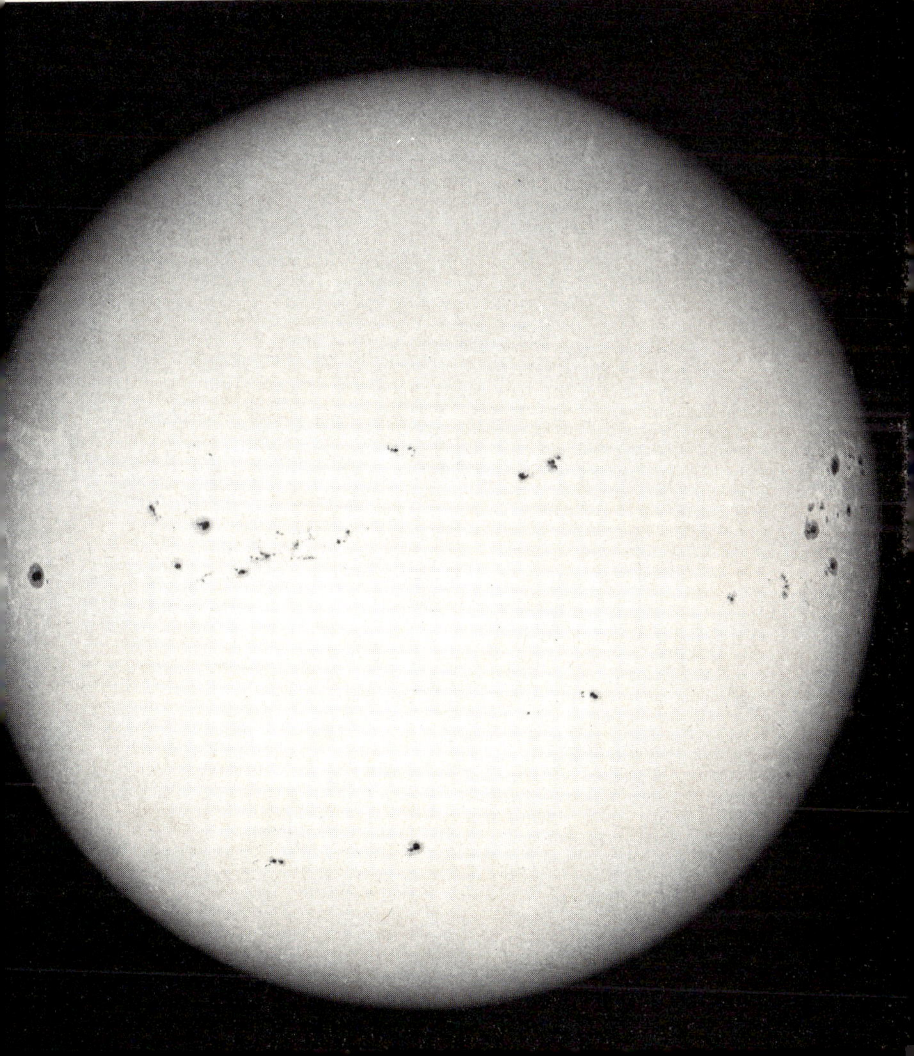

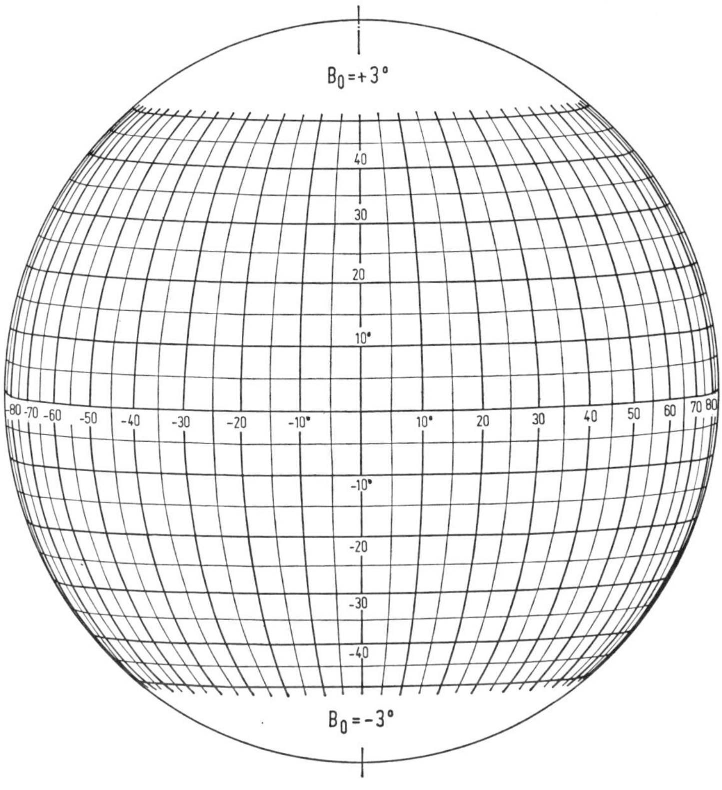

Bild 17. Gradnetz zur Beobachtung der Sonne bei einer heliographischen Breite $B_0 = \pm 3°$

Darauf wird der Positionswinkel der Rotationsachse der Sonne berücksichtigt. Am Rande des Projektionsschirms sollte dazu eine Winkeleinteilung vorhanden sein, die bis zu maximal etwa 26° von der Nord-Süd-Richtung nach Westen und Osten abweicht, entsprechend den maximalen Beträgen des Positionswinkels der Sonnenrotations-

Tafel 4: Serienaufnahme der partiellen Sonnenfinsternis vom 20. Mai 1966 (Westfälische Volkssternwarte und Planetarium Recklinghausen)

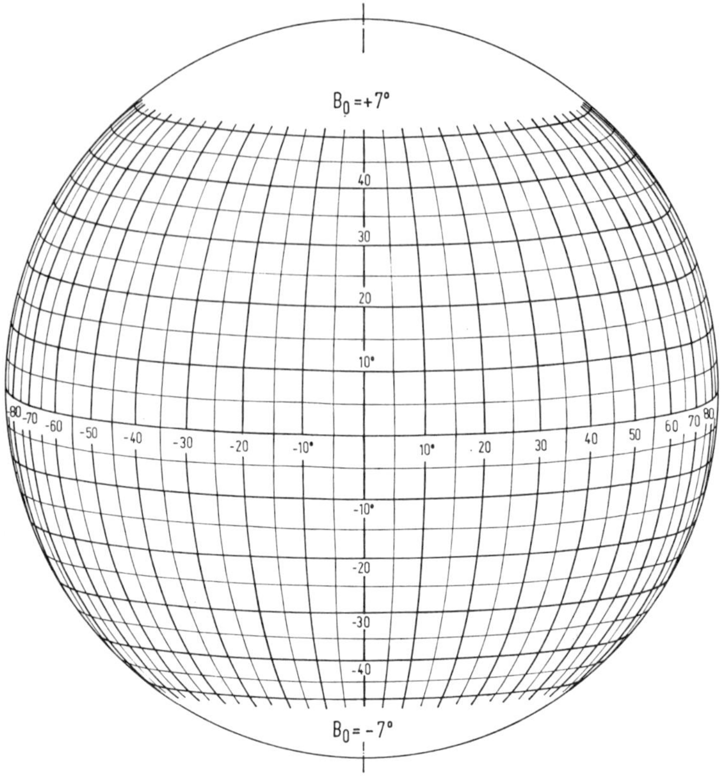

Bild 18. Gradnetz zur Beobachtung der Sonne bei einer heliographischen Breite $B_0 = \pm 7°$

achse. Ist nun beispielsweise P = –17°, so drehen wir den Nordrand unserer Gradnetzschablone auf dem Projektionsschirm um 17° nach Osten, also nach der rechten Seite hin, im Sinne des Uhrzeigers. Ist dagegen P = +20°, so drehen wir die Schablone um den entsprechenden Betrag nach Westen, also entgegengesetzt zum Uhrzeigersinn.

Bei exakt eingestellter Schablone läßt sich nun die Position der Sonnenflecken gradgenau bestimmen. Bei größeren Gruppen wird man einige auffälligere Flecken herausgreifen und deren Koordinaten ermitteln. Als Endwert für die Position einer ganzen Fleckengruppe gibt man aber die Koordinaten ihres Zentrums an.

Die Positionen der Flecken bezieht man zunächst einfach auf den Abstand vom Sonnenäquator und vom sogenannten Zentralmeridian, der genau von Nord nach Süd verläuft. Eine Koordinatenangabe einer Fleckengruppe würde also beispielsweise lauten: 11N 27W. Dies bedeutet: Die Fleckengruppe befindet sich 11° nördlich des Äquators und 27° westlich des Zentralmeridians. Durch die Sonnenrotation verlagert sich übrigens jede Fleckengruppe innerhalb eines Tages um etwa 13 Längengrade nach Westen. Man kann nun wie auf der Erde einen Null-Meridian festlegen. Da es aber keine unveränderlichen Einzelheiten auf der Sonnenoberfläche gibt, muß man einfach definieren, zu welchem Zeitpunkt der Zentralmeridian mit diesem Null-Meridian zusammenfallen soll. So findet man in vielen astronomischen Kalendern und Jahrbüchern von Tag zu Tag die heliographische Länge der Sonnenscheibenmitte verzeichnet. Wer also diese Angaben berechnen möchte, sollte ein solches Jahrbuch regelmäßig benutzen. Übrigens gibt es verschiedene Definitionen für die Festlegung des Null-Meridians auf der Sonne, die abhängig sind von der angenommenen Rotationsdauer. Nach der Zählweise von Carrington wird die synodische Sonnenrotationsperiode zu 27,2753 Tagen angenommen. Zu geophysikalischen Zwecken hat sich der Einfachheit halber aber auch eine Zählweise eingebürgert, die von einer genau 27,0tägigen Periode ausgeht.

Bestimmen wir die heliographische Breite der Sonnenflecken, so werden wir bald herausfinden, daß sich diese nur in zwei Zonen bilden, die parallel zum Sonnenäquator verlaufen. In mittleren und erst recht in polnahen Breiten der Sonne gibt es überhaupt keine Sonnenflecken. Es kann also auch reizvoll sein, die heliographischen Breiten der Sonnenfleckengruppen, die jeweils in einem Monat oder in einem Jahr auftreten, zu Mittelwerten zusammenzufassen. Dabei zeigt sich, daß die beiden Sonnenfleckenzonen sich im Laufe eines Fleckenzyklus mehr und mehr zum Sonnenäquator hin verschieben (Spörer'sches Gesetz). Kurz vor Erreichen eines Sonnenminimums entstehen dann in mittleren Breiten, d. h. in etwa 30° bis 40° heliographischer Breite, zwei neue Zonen, die sich anschließend ebenfalls zum Äquator hin bewegen. Die alten Zonen verschwinden unmittelbar am Äquator meist kurz vor dem Maximum. Zu dieser Zeit haben sich die einige Jahre zuvor in höheren Breiten entstandenen Zonen ebenfalls dem Äquator relativ weit genähert und enthalten die meisten Flecken.

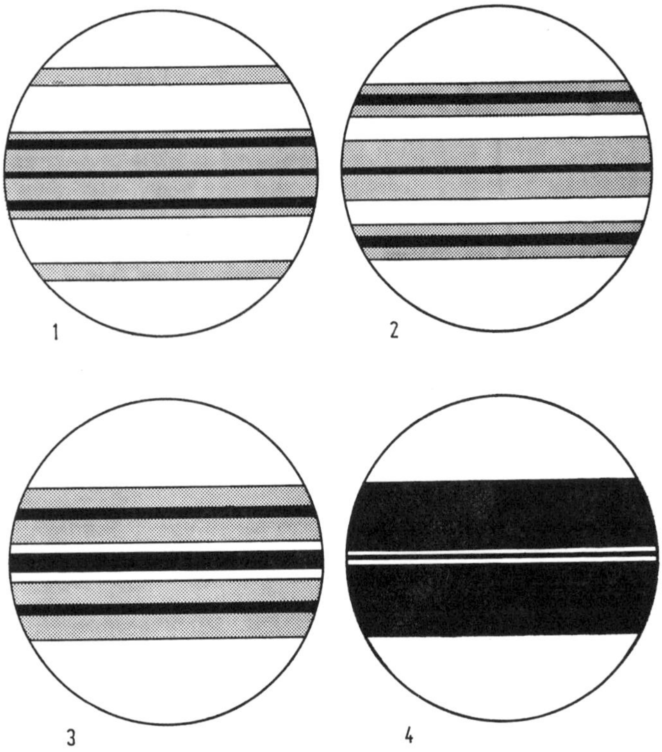

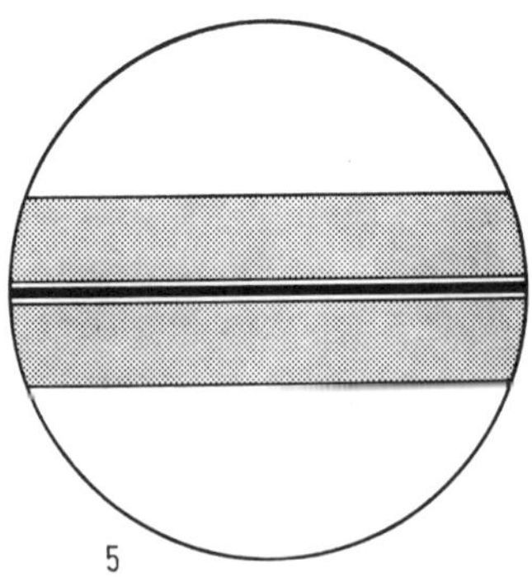

Bild 19. Die Verschiebung der Zonen, in denen Sonnenflecken auftreten können, im Laufe des Sonnenfleckenzyklus: 1 kurz vor dem Minimum, 2 kurz nach dem Minimum, 3 kurz vor dem Maximum, 4 im Maximum, 5 kurz nach dem Maximum (Spörer'sches Gesetz)

Auch die Sonnenfackeln können schon mit kleinen Fernrohren beobachtet werden. Sie zeigen sich vor allem in der Nähe des Sonnenrandes als helle Lichtflecken oder Lichtadern. Gelegentlich vereinigen sich mehrere kleinere Fackeln zu größeren Herden. Auch die Koordinaten der Fackeln lassen sich mit Hilfe des Projektionsverfahrens bestimmen. Oft kommen die Fackeln in der Nähe von Sonnenfleckengruppen vor, es gibt aber ebenso isolierte Fackelherde. Auch für die Fackeln hat sich eine Typologie eingebürgert. Dabei bedeutet K einen kompakten Fackelherd, L ein lockeres Fackelfeld. Die Intensität und Flächenausdehnung der Fackelherde kann in einer Skala festgehalten werden. Sie läuft von 1 (gerade noch erkennbare, kleine Fackeln) bis 9 (außerordentlich intensive, ausgedehnte Fackelherde).
Schließlich kann mit kleineren Fernrohren die Granulation der Sonne beobachtet werden. Sie zeigt sich als eine feine Rasterung oder Körnung der gesamten Sonnenoberfläche. Um sie sichtbar zu machen, bedarf es allerdings eines außerordentlich feinen Projektionspapiers. Außerdem kann man das Sonnenbild ein wenig über den Projektionsschirm hin- und herpendeln lassen, damit die Struktur der Granulation sich von der Körnung des Papiers deutlicher abhebt. Zur Beobachtung der Granulation kann man auch einmal einen etwas größeren Sonnenbilddurchmesser wagen. Bei großer Luftunruhe ist sie allerdings kaum zu erkennen.
Nur kurz sei angedeutet, daß es sich bei den Sonnenflecken um etwas kühlere Gebiete der Sonnenoberfläche (Temperatur etwa 3000° bis 4000° C), bei den Fackeln um überheiße Gebiete (7000° C) handelt. Die Temperatur der ungestörten Sonnenoberfläche beläuft sich auf etwa 5500° C. Die Flecken sind außerdem mit starken magnetischen Feldern verbunden. Die Granulation ist die Folge eines ständigen Brodelns an der Sonnenoberfläche: Heißere Gasmassen steigen in die Höhe, kühlere sinken wieder herab. Wegen der Theorie dieser Erscheinungen der Sonnenoberfläche muß jedoch auf die allgemeine astronomische Literatur verwiesen werden.
Auch die Beobachtung der Protuberanzen ist neuerdings dem Amateurastronom nicht mehr verschlossen. Doch kann an dieser Stelle auf ausführlichere Bauanleitungen zu Protuberanzenfernrohren oder die Verwendung entsprechender Filter nicht eingegangen werden. Wir verweisen auf die Spezialliteratur.

Sonnen- und Mondfinsternisse

Die Beobachtung von Finsternissen gehört zu den Höhepunkten des amateurastronomischen Terminkalenders. Ihre Häufigkeit ist, bezieht man auch die partiellen Finsternisse mit ein, keineswegs so gering, wie oft angenommen wird. Zur Beobachtung einer totalen Sonnenfinsternis allerdings werden wir noch bis zur Jahrhundertwende auf Gebiete außerhalb Mitteleuropas verweisen müssen. So finden z. B. totale Sonnenfinsternisse am 12. November 1985 in der Antarktis, am am 3. Oktober 1986 im Meeresgebiet zwischen Grönland und Island, am 22. Juli 1990 in Finnland und Nordasien, am 11. Juli 1991 in Mittel- und Südamerika, am 30. Juli 1992 im südlichen Atlantik, am 3. November 1994 in Südamerika und am 24. Oktober 1995 in Südasien statt.

Die nächste in Deutschland sichtbare totale Sonnenfinsternis tritt dagegen erst am 11. August 1999 auf. Die Totalitätszone zieht dabei vom Atlantik her kommend über Nordfrankreich und Süddeutschland hinweg, um dann weiter zum Balkan und zum Schwarzen Meer zu verlaufen.

Bei einer totalen Sonnenfinsternis steht natürlich die Beobachtung der Korona im Vordergrund. Derartige Ereignisse zählen zu den faszinierendsten Naturschauspielen überhaupt. Doch in Anbetracht dessen, daß sie relativ selten sind, wollen wir uns hier ausführlicher nur mit der Beobachtung partieller Sonnenfinsternisse beschäftigen. Davon haben wir auch in den kommenden Jahren eine reiche Auswahl. Über die genauen Sichtbarkeitszeiten, aufgegliedert nach verschiedenen Beobachtungsorten, unterrichten jeweils die astronomischen Kalender und Jahrbücher.

Grundsätzlich wird man die Beobachtung einer partiellen Sonnenfinsternis in ähnlicher Weise vornehmen wie die Beobachtung der Sonne selbst, also entweder mit einem Sonnenokular oder nach dem Projektionsverfahren. Bei der Beobachtung mit bloßem Auge genügt auch ein Stück berußten Glases oder ein vollständig geschwärztes Fotonegativ. Eine interessante Aufgabe ist es, das erste Auftauchen der schwarzen Neumondscheibe am westlichen Sonnenrand zeitlich so genau wie möglich festzustellen. Dazu kann eine gute Stoppuhr oder ein ähnliches Verfahren dienen (s. S. 65). Ebenso stellen wir das Verschwinden der Mondscheibe am östlichen Sonnenrand fest. Oft kann beobachtet werden, daß der Mondrand nicht vollkommen glatt, sondern von einzelnen Kerben oder Ausbuchtungen durchzogen ist. Sofern diese Erscheinungen nicht durch Luftunruhe verursacht sind – sie dauern dann in der Regel nur wenige Sekunden –, handelt es sich um Berge oder Täler auf der Mondoberfläche, die sich im Profil zeigen (Mondrandprofil). Diese Erscheinung ist bei einer Sonnenfinsternis deutlicher wahrzunehmen als bei der sich gegen den dunklen Nachthimmel abhebenden hellen Mondscheibe.

Im übrigen wird man sich auf Beobachtungen an der Erdoberfläche beschränken. Ein im Schatten aufgestelltes gutes Thermometer, das in Abständen von 5 zu 5 Minuten abgelesen wird, zeigt deutlich eine mehr oder weniger starke Temperaturabnahme. Diese wird natürlich um so stärker ausfallen, je größer der Bedeckungsgrad der Sonne und je klarer der Himmel ist. Findet eine Sonnenfinsternis an einem Vormittag statt, an dem die Temperatur mit dem Sonnenstand zunimmt, wird sich die Finsternis manchmal nur in einem verzögerten Temperaturanstieg bemerkbar machen. Umgekehrt kann bei einer am Nachmittag stattfindenden Sonnenfinsternis der Temperaturrückgang besonders kräftig ausfallen. Bei einer verhältnismäßig hochgradigen Finsternis (über etwa 75% Bedeckungsgrad) kann man auch das Verhalten von Tieren und Pflanzen an der Erdoberfläche verfolgen. Außerdem tritt gelegentlich ein Finsterniswind auf. Verfärbungen des Himmels und ähnliche atmosphärische Erscheinungen wird man aber nur bei einer nahezu totalen Finsternis feststellen können.

Auch die Beobachtung von Mondfinsternissen kann bereits mit bloßem Auge erfolgen. In den folgenden Jahren haben wir ebenfalls eine reiche Auswahl an totalen und partiellen Mondfinsternissen. Eine sogenannte Halbschattenfinsternis, bei der der Mond nur in den Halbschatten

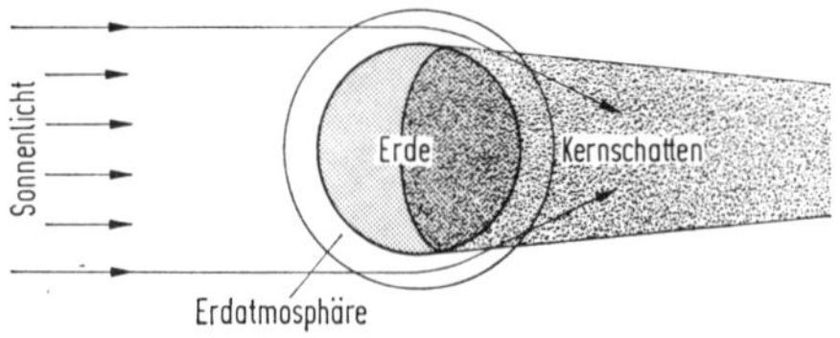

Bild 20. So gelangt Sonnenlicht rötlich verfärbt auch noch in den Kernschatten unserer Erde

unserer Erde eintritt, ist dagegen wenig bemerkenswert und wird in vielen astronomischen Jahrbüchern überhaupt nicht verzeichnet. Halbschatten bedeutet ja, daß das Licht der Sonne nur zum Teil gemindert ist. Die im Halbschatten liegenden Teile der Mondoberfläche sind daher noch so hell, daß von der Erde kaum ein Unterschied zur vollen Beleuchtung bemerkbar ist. Nur in den an den Kernschatten der Erde angrenzenden Bereichen des Halbschattens zeigt sich eine schwache, rauchartige Verdüsterung.

Die Grenze des Kernschattens unserer Erde ist ziemlich verwaschen, allerdings bei den einzelnen Finsternissen in unterschiedlichem Maße. Besonders auffallend ist die rötliche Verfärbung des Kernschattens unserer Erde. Selbst bei einer totalen Mondfinsternis verschwindet der Mond in der Regel nicht vom Himmel, sondern kann immer noch schwach schimmernd beobachtet werden. Dies liegt daran, daß innerhalb der Erdatmosphäre gebrochenes Sonnenlicht auch auf die im Schatten unserer Erde liegenden Gebiete fällt. Auf dem langen, streifenden Weg, den die Sonnenstrahlen dabei durch die irdische Lufthülle nehmen, wird am wenigsten das langwellige, rötliche Sonnenlicht geschluckt. Die Intensität des rötlichen Schimmers, in dem der Mond erscheint, und auch die Art der Färbung selbst hängen eng mit den Bedingungen in den Gebieten der Erdatmosphäre zusammen, in denen die Lichtbrechung erfolgt, also in der Tag-Nacht-Zone rings um unsere Erdkugel.

Nach einem Vorschlag des französischen Astronomen A. Danjon kann die Dunkelheit und Färbung des Kernschattens in einer fünfklassigen Skala angegeben werden. Dabei bedeutet die Stufe

0: sehr dunkle Finsternis. Besonders in der Mitte der Totalität ist der Mond fast unsichtbar;

1: dunkle Finsternis mit bräunlicher oder grauer Verfärbung. Die Einzelheiten der Mondoberfläche sind nur schwer erkennbar;

2: rostfarbene oder dunkelrote Finsternis. Im Zentrum des Erdschattens zeigt sich ein sehr dunkler Fleck, während die Randzonen verhältnismäßig hell sind;
3: ziegelrote Finsternis. Der Kernschatten ist häufig mit einem hellen oder gelblichen Rand umsäumt;
4: orangerote oder kupferrote sehr helle Finsternis. Um den Kernschatten ist eine sehr helle, bläuliche Zone zu erkennen.
Sehr dunkle Mondfinsternisse kommen, wie die Statistik zeigt, nicht selten nach starken Vulkanausbrüchen vor, bei denen riesige Mengen an Asche- und Staubteilchen in die Hochatmosphäre der Erde verfrachtet und dort global verteilt werden. Einige Beobachter haben gelegentlich einen grünlich-bläulichen Rand der Kernschattenzone unserer Erde beschrieben. Er tritt vor allem bei sehr hellen Finsternissen der Stufe 4 auf. Dabei dürfte es sich um eine Absorptionserscheinung innerhalb der Ozonschicht der Erdatmosphäre handeln.
Der Durchmesser des Erdschattens ist um etwa 2 Prozent größer, als nach den geometrischen Verhältnissen zu erwarten wäre, ebenfalls eine Auswirkung der Erdatmosphäre. Der Betrag dieser Vergrößerung schwankt um einige Zehntel Prozent. In Grenzfällen beläuft sie sich sogar auf 3,8 bzw. 1,5 Prozent. Die Schattenvergrößerung zeigt auch schwache, allerdings nicht eindeutige statistische Zusammenhänge mit Meteorschwärmen. Jedenfalls ist die Bestimmung des Erdschattendurchmessers bei einer Mondfinsternis von einiger Bedeutung vor allem für die Geophysik und Meteorologie.
Im folgenden schildern wir kurz die Grundlagen für die Bestimmung. Man hält, ähnlich wie bei den Sonnenfinsternissen, den Zeitpunkt des Eintritts und des Austritts des Mondes in den Kernschatten fest. Ferner ermittelt man den Antritt oder Austritt des Kernschattens an bestimmten, auffälligen Mondformationen. Sie sind im „Berliner System" zusammengefaßt, das aus folgenden Kratern und anderen markanten Punkten der Mondoberfläche besteht: Grimaldi, Billy, Aristarch, Campanus, Pytheas, Copernicus, Kap Heraklid, Kap Laplace, Plato, Tycho, Manilius, Vitruvius, Proclus, Censorinus, Goclenius, Langrenus. Bei der Beobachtung sollte genau vermerkt werden, ob man den An- oder Austritt am westlichen oder östlichen Kraterrand oder am Zentralberg eines bestimmten Kraters beobachtet. Zu den Beobachtungen sollte man ein möglichst schwach vergrößerndes Okular benutzen, wie über-

haupt bei der Beobachtung von Mondfinsternissen starke Vergrößerungen wenig sinnvoll sind. Wegen des verwaschenen Randes des Erdschattens wird man die An- und Austrittszeiten nicht auf Bruchteile einer Sekunde genau bestimmen können. Man wird sich damit zufriedengeben müssen, diese Ereignisse auf etwa eine Zehntelminute aufgerundet festzulegen. Eine höhere Genauigkeit verbietet sich von selbst. Für die ganze Erde treten pro Jahr im Durchschnitt 2,3 Sonnenfinsternisse und 1,5 Mondfinsternisse auf. Die Mondfinsternisse sind allerdings von einem größeren Bereich der Erdoberfläche aus sichtbar. Eine praktikable Regel in der Aufeinanderfolge der in Deutschland sichtbaren Finsternisse gibt es nicht. Deswegen müssen wir uns an die Angaben halten, die in den astronomischen Kalendern regelmäßig zusammengestellt werden. Verwiesen sei hier auch auf die im Literaturverzeichnis (S. 183) genannten astronomischen Jahrbücher, die stets genaue Angaben über Finsternisse enthalten.

Die Beobachtung von Sternbedeckungen durch den Mond

In 27 Tagen 7 Stunden 43 Minuten und 12 Sekunden wandert der Mond einmal durch sämtliche Tierkreissternbilder (siderischer Monat). Dabei kommt es gelegentlich zu Bedeckungen von Sternen durch die Mondscheibe. Da ein Fixstern selbst in großen Fernrohren nur punktförmig erscheint und der Mond über keine Atmosphäre verfügt, vollzieht sich das Verschwinden eines Sterns am linken, östlichen Mondrand ganz plötzlich. Und ebenso schnell taucht der Stern einige Zeit später wieder am gegenüberliegenden rechten, westlichen Mondrand auf. Sternbedeckungen durch den Mond zählen zu den interessantesten Beobachtungsmöglichkeiten für Sternfreunde, die nur über ein kleines Instrumentarium verfügen. Bedeckungen sehr heller Sterne kann man sogar mit bloßem Auge verfolgen. Wegen der Überstrahlung der Nachbarschaft der Mondscheibe wird man allerdings Sterne, die schwächer als 3^m sind, vor allem um die Vollmondzeit herum, nur noch mit einem Opernglas, Feldstecher oder einem Fernrohr beobachten können. Ein Instrument von etwa 60 mm Öffnung kommt dabei in der Regel bis zu Sternen der 6. Größenklasse. Zur Not kann man zwar auch noch Bedeckungen schwächerer Sterne verfolgen, doch sind dann die Ein- und Austrittszeiten nicht mehr sicher zu erfassen.

Besitzer größerer Instrumente ab etwa 10 cm Öffnung werden natürlich Bedeckungen noch schwächerer Sterne auf ihr Programm setzen können.
Zumindest für die helleren Sterne werden die Ein- und Austrittszeiten in verschiedenen astronomischen Kalendern und Jahrbüchern und in naturwissenschaftlichen Zeitschriften wie KOSMOS mitgeteilt. Die Kontaktzeiten sind dabei für die einzelnen Orte auf unserer Erde unterschiedlich. Selbst für ein Gebiet von der Größenordnung Mitteleuropas ergeben sich Unterschiede von mehreren Minuten. Deswegen werden die Ein- und Austrittszeiten meist für mehrere Orte, in der BRD z.B. für Berlin, Frankfurt a.M. und München, mitgeteilt. Um diese Angaben auch auf andere Orte in der näheren Umgebung der Standardorte umrechnen zu können, gibt es dazu die beiden Korrektionswerte a und b. Die Umrechnung auf den eigenen Beobachtungsort, dessen geographische Länge λ und dessen Breite φ sei, geht dann aus der folgenden Formel hervor:

$$t = t_0 + a\,(\lambda - \lambda_0) + b\,(\varphi - \varphi_0).$$

Dabei bedeutet t die gesuchte Kontaktzeit für den Beobachtungsort, t_0 die Kontaktzeit des nächstgelegenen Standardortes, a und b die Korrektionswerte, λ und φ die geographischen Koordinaten des eigenen Beobachtungsorts und λ_0 und φ_0 die geographischen Koordinaten für den Standardort. Dabei werden λ und λ_0 für Deutschland, das östlich Greenwich liegt, negativ berechnet, während φ und φ_0 auf der Nordhalbkugel natürlich positiv sind. Die in Klammern stehenden Differenzen der geographischen Längenwerte und Breitenwerte können auf Zehntelgrade aufgerundet werden.
Aber eigentlich braucht man über die Ein- und Austrittszeiten eines Sterns am östlichen oder westlichen Mondrand gar nicht so ganz genau informiert sein. Man wird ja in jedem Falle schon wenigstens 10 bis 15 Minuten früher ans Fernrohr herantreten, um den Stern aufzusuchen und sich auf sein Verschwinden vorzubereiten. Dagegen ist für das Wiederauftauchen eines Sterns am westlichen Mondrand eine wenigstens ungefähre Angabe des Positionswinkels der Stelle wichtig, an der der Stern wieder zu sehen sein wird, damit man nicht zu sehr von seinem Wiederauftauchen überrascht ist oder es sogar übersieht. Die Positionswinkel für Eintritt und Austritt sind gleichfalls in vielen

astronomischen Jahrbüchern angegeben. Dabei wird der Positionswinkel von N über O, S, W nach N von 0° bis 360° durchgezählt. Dabei muß allerdings beachtet werden, daß Norden nicht unbedingt (im umkehrenden astronomischen Fernrohr) am unteren Rand des Fernrohrgesichtsfeldes liegt. Dies ist nur der Fall, wenn sich der Mond genau im Meridian befindet. Wie man die Nord-Süd-Richtung im Gesichtsfeld eines Fernrohrs bestimmt, wurde bereits beschrieben (S. 50). Die Laufrichtung des Mondes im Fernrohrgesichtsfeld bestimmt die Ost-West-Richtung. Damit sind aber auch Norden und Süden gekennzeichnet.

Genaue Bestimmungen der Kontaktzeiten bei den Sternbedeckungen haben sogar noch eine wissenschaftliche Bedeutung. Mit ihrer Hilfe können nämlich wissenschaftliche Institute den Mondlauf genauer festlegen als mit anderen visuellen Methoden – vielleicht mit Ausnahme bestimmter fotografischer Verfahren, die allerdings nur größeren Instrumenten vorbehalten sind. Daraus ergeben sich indirekt wieder kleine Schwankungseffekte in der Erdrotation. Am besten können die Kontaktzeiten bei Sternbedeckungen erfaßt werden, wenn der Ein- oder Austritt am dunklen Mondrand erfolgt. Da sich der Mond von West nach Ost durch die Tierkreissternbilder bewegt, können wir das Verschwinden eines Sterns am linken, dunklen Mondrand bei zunehmendem Mond und das Auftauchen eines Sterns am rechten, dunklen Mondrand bei abnehmendem Mond beobachten. Die Ein- und Austritte am hellen Mondrand sind demgegenüber schwieriger zu erfassen. Von der zeitlichen Messung der Kontaktzeiten bei Sternbedeckungen darf man sich keine übertriebenen Vorstellungen machen. Der Liebhaberastronom darf zufrieden sein, wenn er diese Kontakte bis auf 0,1 sec genau ermitteln kann. Dies reicht aber auch für bestimmte wissenschaftliche Untersuchungen aus.

Das bringt uns zur Frage der Zeitanlage eines Sternfreunds. In früheren Jahrzehnten gehörte zu einer Privatsternwarte neben einem guten Fernrohr auch eine Zeitanlage, die aus einer hervorragenden astronomischen Pendeluhr und einem Chronographen bestand. Pendeluhr und Chronograph waren ungefähr genauso teuer wie die optische Einrichtung einer Sternwarte, so daß sie nur von begüterten Liebhaberastronomen überhaupt angeschafft werden konnten.

Heute haben die meisten Sternfreunde, ohne daß sie sich dessen bewußt sind, eine Zeitanlage ohnedies schon im Hause, und zwar in Gestalt eines guten Kurzwellenempfängers und eines Tonbandgeräts. Letzteres sollte allerdings möglichst für verschiedene Geschwindigkeiten eingerichtet sein. Auch eine gute Stoppuhr kommt dazu.

Die teure astronomische Pendeluhr ersetzen die von mehreren wissenschaftlichen Instituten ausgestrahlten Zeitzeichen, die man praktisch zu allen Tag- und Nachtzeiten auf irgendeiner Frequenz empfangen kann. Voraussetzung ist, daß der Kurzwellenempfänger über einen durchgehenden Empfangsbereich zwischen 2000 und 5000 kHz verfügt. Viele kommerzielle Empfänger sind auf die für den Rundfunk wichtigen Bereiche des 49 m-Bandes, 41 m-Bandes, 31 m-Bandes, 25 m-Bandes, 19 m-Bandes, 16 m-Bandes usw. beschränkt. Es gibt jedoch heute bereits zahlreiche Kurzwellenempfänger, die nicht allzu teuer sind und die obige Forderung erfüllen.

Zu erwähnen wäre da vor allem zunächst die Standardfrequenz 2500 kHz. Auf dieser Frequenz sind in Mitteleuropa vor allem die Zeitzeichensender des Astronomischen Instituts Prag und des National Physical Laboratory in Teddington, England, zu empfangen. Prag sendet auch auf der Frequenz 3170 kHz. Diese beiden Frequenzen sind vor allem in den Nachtstunden brauchbar. Ganztägig auf der Frequenz 4525 kHz sendet Nauen, die Station des Amtes für Standardisierung, Meßwesen und Warenprüfung, Fachabteilung Elektrizität, Arbeitsgebiet Zeit- und Frequenznormale, Berlin-Ost. In Mitteleuropa bestehen auf dieser Frequenz ganztägig meist recht gute Empfangsbedingungen. Dasselbe gilt auch für die Frequenz 5000 kHz. Hier senden wiederum mehrere Stationen, vor allem Teddington, Moskau und zwei italienische Stationen. Auch die Standardfrequenz 10 000 kHz, die wiederum vor allem von Teddington betrieben wird, kann gut in Mitteleuropa empfangen werden, vor allem tagsüber.

Einige der genannten Stationen, wie z. B. Nauen, senden unmodulierte Impulse aus. Um sie als echte Töne im Empfänger wahrnehmen zu können, bedarf es eines sog. BFO-Zusatzgerätes (Beat Frequency Oscillator), das aber handelsüblich ist. Ohne einen solchen BFO-Zusatz hört man nur ein leichtes „Puffen“, das keine so genauen Anhaltspunkte liefert.

Wer über einen Längstwellenempfänger verfügt, kann auch einige andere Zeitsignale empfangen. Teddington sendet beispielsweise auch auf 60 kHz kontinuierlich über den ganzen Tag hinweg. Da dieser Sender immerhin über eine Leistung von 50 KW verfügt, kann er vor allem in Nordwestdeutschland gut empfangen werden. Die Physikalisch-Technische Bundesanstalt Braunschweig betreibt einen anderen Sender auf 77,5 kHz mit einer Leistung von 38 KW. In Süddeutschland wird man vor allem auf 75 kHz den Zeitzeichensender Neuchâtel in der Schweiz empfangen. Prag sendet schließlich auch noch auf 50 kHz mit einer Leistung von 20 KW.

Da alle diese Zeitzeichen von Quarz- und Atomuhren gesteuert werden, steht uns also im Hause eine so genau gehende Uhr zur Verfügung, wie wir sie selbst bei größtem Kostenaufwand kaum jemals anschaffen könnten. Daß natürlich auch diese Zeitzeichen kleine Fehler haben (die in einigen wissenschaftlichen Zeitschriften regelmäßig publiziert werden, um spätere Berichtigungen vornehmen zu können), braucht uns hier nicht weiter zu interessieren. Dasselbe gilt auch für die Laufzeitverzögerung der Signale, die sich daraus ergibt, daß sich die Signale mit Lichtgeschwindigkeit (300 000 km/sec) ausbreiten und deswegen nicht gleichzeitig am Empfangsort eintreffen können. Auch Mehrwegempfang durch Reflexionen verschiedener Art an der Ionosphäre unserer Erde wären zu berücksichtigen. Alle diese Abweichungen sind jedoch so minimal, daß sie für den Liebhaberastronomen unerheblich sind. In jedem Falle sollte man aber bei seinen Aufzeichnungen vermerken, welches Zeitzeichen man für seine Kontaktzeitenbestimmung herangezogen hat.

Übrigens wird die volle Minute bei den Zeitzeichen, die in der Regel jede Sekunde einen Ton abgeben, entweder durch einen verstärkten oder durch einen längeren Ton gekennzeichnet. Einige Zeitzeichensender setzen innerhalb einer Stunde mehrmals aus. Dazu gehört z. B. Teddington auf den Standardfrequenzen 2500, 5000 und 10 000 kHz. Diese Zeitzeichen werden 6mal innerhalb einer Stunde unterbrochen, und zwar während der Minuten 5 bis $9^1/_2$, 15 bis $19^1/_2$, 25 bis $29^1/_2$ usw. Während der halben Minute vor Beginn der Zeitzeichen, also zwischen $9^1/_2$ und 10, $19^1/_2$ und 20, $29^1/_2$ und 30 usw. wird das Erkennungszeichen der Station in Morse gesendet. Gelegentlich vernehmen wir auch einige Male während einer Minute kurz hintereinander auftretende Doppelsignale. Dahinter verbergen sich bestimmte Korrektionen der Zeitzeichen, die wir aber ignorieren können.

Wie wenden wir nun aber unsere Radio-Zeitanlage in der Praxis an? Zur Bestimmung der Eintrittszeit einer Sternbedeckung können wir beispielsweise eine Stoppuhr benutzen. Wir setzen die Stoppuhr in Gang, wenn der Stern gerade am Mondrand verschwindet. Dann gehen wir zu unserem Kurzwellenempfänger und warten die nächste volle Minute ab. Hören wir das Minutenzeichen, drücken wir abermals auf die Taste unserer Stoppuhr und haben damit die Zeitspanne zwischen dem ersten Kontakt der Sternbedeckung und der nächsten vollen Minute. Lesen wir also beispielsweise 26,2 sec auf unserer Stoppuhr ab und war die folgende Minute in unserem Zeitzeichen 23^h27^m, so fand die Sternbedeckung um $23^h26^m33{,}8^s$ statt.
Unberücksichtigt blieb dabei allerdings zunächst die „Schrecksekunde" bei Bedienung unserer Stoppuhr. In der Astronomie spricht man von der „persönlichen Gleichung", die je nach Beobachter in der Regel zwischen 0,1 und 0,3 sec liegt, bei Ungeübten vielleicht auch noch etwas darüber. Ein Teil der persönlichen Gleichung wird aber dadurch ausgeglichen, daß wir auch wieder beim Abstoppen zur vollen Minute etwas zu spät gedrückt haben werden. In diesem Falle wird die persönliche Gleichung etwas geringer ausfallen, da wir ja auf dieses Ereignis wesentlich besser vorbereitet sind als bei dem Verschwinden des Sterns hinter dem Mondrand. Trotzdem: Der Unterschied wird nicht allzu groß sein, so daß wir die persönliche Gleichung vielleicht bis auf einen Rest von 0,1 sec vernachlässigen dürfen.
Noch wesentlich günstiger liegen die Verhältnisse bei Anwendung eines Tonbandgerätes. Wir stellen das Tonbandgerät neben unserem Beobachtungsplatz auf. Es soll an das Zeitzeichen unserer Kurzwellenanlage angeschlossen sein, entweder dadurch, daß wir das Zeitzeichen über Mikrofon auf die Tonspur überspielen oder aber direkt über Kabel auf die eine Spur eines Stereo-Tonbandgerätes. Die andere Spur wird dann zum Anschluß eines Mikrofons benutzt. Beobachten wir nun das Verschwinden des Sterns am Mondrand, so drücken wir auf irgendeine Taste, die einen kurzen akustischen Pfiff oder ein Knacken auslöst. Damit haben wir die Kontaktzeit ebenfalls auf unserem Tonband aufgezeichnet und können das Tonband später in Ruhe auswerten. Wichtig ist nur, daß wir nicht vergessen, die volle Minute irgendwie durch Aufsprechen auf das Tonband zu kennzeichnen. Nun gehen wir daran, das Tonband auszumessen. Am besten nehmen wir Zeitzeichen

und Kontaktnahme bei hoher Bandgeschwindigkeit (19 cm/sec) auf. Spielen wir später das Tonband mit verringerter Geschwindigkeit ab (9,5 cm/sec oder 4,75 cm/sec), erhalten wir eine zweifache oder vierfache Dehnung. Bei 4,75 cm/sec würde also eine Sekunde auf 4 Sekunden Laufzeit ausgedehnt werden. Mit einer Stoppuhr läßt sich nun sehr genau bestimmen, bei welcher Zehntelsekunde der Kontakt eintrat. Natürlich fällt auch hier die persönliche Gleichung wieder voll ins Gewicht.

Sorgfältige Beobachtungen an Sternbedeckungen kann man an das Royal Astronomical Observatory Greenwich, London, senden. Aber auch die „Vereinigung der Sternfreunde“ (Adresse auf S. 183) kann diese Beobachtungen weitervermitteln.

Von einigem Reiz sind auch die sogenannten „streifenden Sternbedekkungen“. Dabei kommt es nahezu oder gerade noch für wenige Minuten oder Sekunden am Mondrand zu einer Sternbedeckung. Der geographische Ort spielt hier eine wesentliche Rolle. Schon Differenzen von einigen Kilometern können von Bedeutung sein. Wegen des Mondrandprofils ist es dabei theoretisch sogar denkbar, daß ein Stern einmal verschwindet, zwischen zwei Bergen wieder aufleuchtet, abermals verschwindet usw. Derartige streifende Sternbedeckungen werden allerdings in astronomischen Jahrbüchern meist nicht publiziert.

Weniger wissenschaftlich bedeutungsvoll sind Planetenbedeckungen durch den Mond. Da ein Planet nicht punktförmig, sondern scheibenförmig erscheint, dauert es mehrere Sekunden, manchmal sogar über eine Minute, bis er vollständig verdeckt ist oder ganz auftaucht. Diese Bedeckungen sind in den üblichen Jahrbüchern enthalten.

Ganz seltene Ereignisse sind Sternbedeckungen durch Planeten, vor allem Bedeckungen heller Fixsterne. So bedeckt z. B. Venus den im Tierkreis gelegenen hellen Stern Regulus, Hauptstern im Löwen, erst wieder am 1. Oktober 2044 und am 6. Oktober 2271. Die letzte Bedeckung des Regulus durch die Venus erfolgte am 7. Juli 1959. Selbst wenn wir Sterne bis zu einer Helligkeit von $7^{m}{,}5$ herab berücksichtigen, kann Mars innerhalb eines Jahrtausends nur 309 Sternbedeckungen hervorrufen. Jupiter bedeckt im gleichen Zeitraum nur 218mal einen Stern, Saturn 39mal, Uranus 3mal und Neptun gar nur 1mal.

Die Planeten im Fernrohr

Zu den wichtigsten Beobachtungsobjekten eines Sternfreundes gehören zweifelsohne die Planeten. Da sie ihre Sichtbarkeitsbedingungen und ihren Standort im Tierkreisgürtel laufend verändern, empfiehlt sich der regelmäßige Kauf eines astronomischen Jahrbuchs. Beobachtungstechnisch unterscheiden wir zunächst die „unteren Planeten", die zwischen Erde und Sonne ihren Umlauf ausführen, von den „oberen Planeten", die weiter von der Sonne entfernt sind als die Erde. Wer sich genauer für die Sichtbarkeitsverhältnisse der Planeten interessiert, sei auf die grundlegenden astronomischen Einführungswerke verwiesen (s. auch S. 182). An dieser Stelle sei nur noch erwähnt, daß die unteren Planeten niemals die ganze Nacht über beobachtet werden können, sondern immer nur entweder abends nach Sonnenuntergang etwa im Westen oder morgens vor Sonnenaufgang im Osten. Und das natürlich nicht dauernd, sondern nur zu bestimmten Zeiten, die man eben in den Jahrbüchern leicht finden kann. Eine „Abendsichtbarkeit" ergibt sich, wenn der Planet auf der linken, östlichen Seite der Sonne steht, eine „Morgensichtbarkeit" dann, wenn Merkur oder Venus auf der rechten, westlichen Seite der Sonne stehen. Für Merkur sind allerdings für den Beobachter in mittleren geographischen Breiten, also auch für Deutschland, zusätzliche Einschränkungen zu beachten.
So ist ein erfolgreiches Auffinden des Merkur am Abend nur im Spätwinter und Frühling, am Morgen nur im Spätsommer oder Herbst möglich. Den Zeitpunkt des größten westlichen oder östlichen Winkelabstands von der Sonne nennen wir die größte westliche oder östliche Elongation. Bei den in anderen Jahreszeiten stattfindenden Elongationen steht Merkur zu nahe am Horizont.

Merkur und Venus

Da alle Planeten ihr Licht von der Sonne erhalten, können wir bei den unteren Planeten mit dem Fernrohr sämtliche Phasen beobachten, wie wir sie auch von unserem Mond her gewohnt sind. Stehen Merkur oder Venus hinter der Sonne, in oberer Konjunktion, so ist die helle Tagseite des Planeten unserer Erde zugedreht, wir haben also „Vollmerkur" oder „Vollvenus". Bei einer Stellung zwischen Sonne und Erde, bei unterer Konjunktion, ist die dunkle Nachtseite der betreffenden Planeten unserer Erde zugekehrt, wir haben „Neumerkur" oder „Neuvenus". Im Gegensatz zum Mond, der von kleinen Schwankungen abgesehen stets die gleiche Scheibengröße bietet, schwanken die Entfernungen von Merkur und Venus von unserer Erde so stark, daß auch die Größe ihrer Scheiben sehr unterschiedlich ausfällt. In der oberen Konjunktion bietet Merkur ein Scheibchen von 4,8 Bogensekunden und Venus von 10 Bogensekunden Durchmesser. Bei der unteren Konjunktion haben die Scheiben einen Durchmesser von 13,3 bzw. 64 Bogensekunden. Dabei ist zu bedenken, daß die beiden Planeten zur Zeit der Konjunktion wegen ihrer sonnennahen Stellung von der Erde aus zumindest mit bloßem Auge unsichtbar sind. Da die Planetenbahnen ein wenig gegenüber unserer Erdbahnebene geneigt sind, kann es allerdings vorkommen, daß Merkur und Venus bei ihrer Konjunktion ein wenig oberhalb (nördlich) oder unterhalb (südlich) der Sonnenscheibe vorbeiziehen. Ist der Winkelabstand groß genug, kann es mit Fernrohren unter Umständen gelingen, die Planeten auch zur Zeit ihrer Konjunktion zur Sonne aufzufinden. Bei der unteren Konjunktion zeigen sie dabei eine extrem dünne Sichel. Vor allem bei Venus sind derartige Beobachtungsmöglichkeiten recht reizvoll. Sie

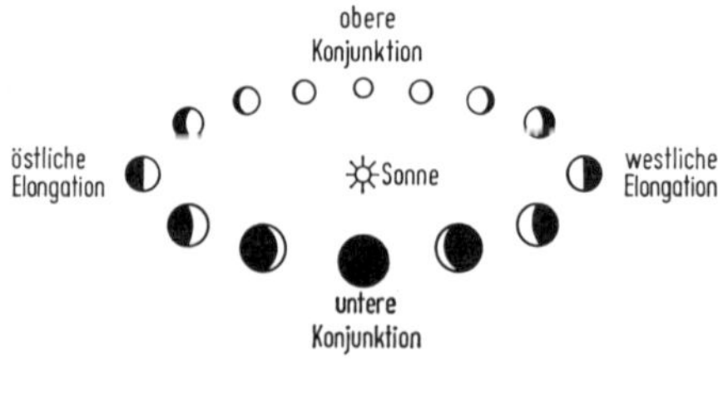

Bild 21. So entstehen die Phasen bei den inneren Planeten Merkur und Venus

Bild 22. Eine Beobachtungsreihe zur Bestimmung der Dichotomie des Planeten Venus

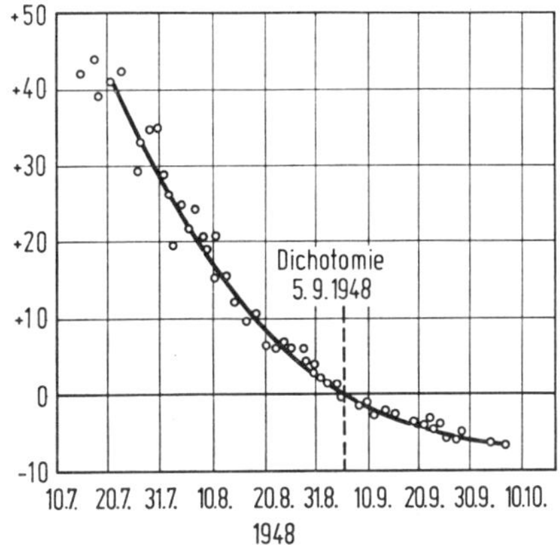

kann bei diesen Gelegenheiten wegen ihrer bedeutend größeren Helligkeit auch leichter aufgefunden werden als Merkur.

Im ersten Augenblick wird man vermuten, daß Merkur und Venus als halbbeleuchtete Scheibe sichtbar sind, wenn sie ihre größte östliche oder westliche Elongation durchlaufen. Wegen der Elliptizität der Planetenbahnen trifft dies aber nicht zu. Bei Merkur kann eine Differenz von einigen Tagen auftreten. Es ist eine interessante Aufgabe für den Amateurastronom, aus Beobachtungen, die er über mehrere Tage hinweg durchführt, diesen Zeitpunkt der Dichotomie zu bestimmen.

Während bei Merkur die Ermittlung des Dichotomie-Zeitpunkts wegen der Kleinheit der Scheibe ein wenig mit Schwierigkeiten verbunden und damit eine Aufgabe für etwas größere Amateurfernrohre ist, kann dies bei Venus schon mit einem Instrument von 5 bis 6 cm Öffnung gelingen. Bei Venus treten Abweichungen der Dichotomie vom Zeitpunkt der größten östlichen oder westlichen Elongation aber weniger wegen der Elliptizität der Bahn auf, da die Venusbahn gegenüber der des Merkur außerordentlich kreisähnlich ist. Vielmehr kommen hier andere Abweichungen vor, die erstmals der Amateurastronom J. H. Schröter im Jahre 1793 entdeckte. Als Ursache gilt die Venusatmosphäre. Auch hier können Differenzen von mehreren Tagen auftreten. Da eine Einzelbeobachtung nicht ausreicht, den Zeitpunkt der Dichotomie zu bestimmen, führt man die Beobachtungen schon mehrere Tage oder sogar Wochen vor der zu erwartenden Dichotomie und in einem entsprechenden Zeitraum danach aus. Dabei sollte man sich der zeichnerischen Methode bedienen. Die einzelnen Merkur- oder Venuszeichnungen werden dann ausgemessen, die Werte in ein Diagramm eingetragen, um daraus graphisch den Zeitpunkt der Dichotomie abzulei-

ten. Wegen des meist fehlenden stärkeren Kontrastes der Planetenscheiben zum Himmelsuntergrund, vor allem bei Tages- oder Dämmerungsbeobachtungen, oder aber wegen der Überstrahlung der Planetenscheibe bei Nachtbeobachtungen kann es zu fehlerhaften Einschätzungen des beleuchteten Teils der Planetenscheibe kommen. Daher sollte man unter möglichst verschiedenen Situationen beobachten.
Das Aufsuchen der Planeten Merkur und Venus bei Tage ist immer dann möglich, wenn ein Instrument über Teilkreise verfügt. Man stellt dazu zunächst das Fernrohr auf die Sonne ein (aber Vorsicht: Nur den Schatten des Fernrohrs am Fußboden beobachten und nicht direkt durch das Okular blicken!), liest dann den Stundenwinkel und die Deklination der Sonne am Fernrohr ab, berechnet die Differenzen von Rektaszension und Deklination zwischen Sonne und Planet aus den Tabellen eines astronomischen Jahrbuchs und stellt eben diese Differenzen an den Teilkreisen seines Fernrohrs ein. Diese „relative Methode" führt meist schnell zum Ziel. Man muß aber darauf achten, daß das Fernrohr auch tatsächlich auf unendlich scharf eingestellt ist.
Gelegentlich kann die Venus sogar mit bloßem Auge am Taghimmel aufgefunden werden. Dieser Zeitpunkt des „größten Glanzes", der ebenfalls in Jahrbüchern verzeichnet ist, tritt zwischen der östlichen Elongation und der unteren Konjunktion, sowie zwischen dieser und der westlichen Elongation ein, also zu einem Zeitpunkt, zu der die Venus noch eine dicke Sichel bietet.
Auf Merkur sind unter Anwendung stärkerer Vergrößerungen bei einem Fernrohr ab etwa 10 cm Öffnung auch Oberflächeneinzelheiten zu erkennen. Die Suche nach solchen Gebilden gehört allerdings zu den schwierigsten Vorhaben eines Amateurs. Man sollte sich daran erst wagen, wenn man auf anderen Gebieten bereits genügend Beobachtungserfahrungen gesammelt hat, beispielsweise bei der Erfassung von Oberflächeneinzelheiten auf Mars. Was man auf Merkur sieht, sind nur schemenhafte dunklere und hellere Schattierungen auf der ansonsten dunkelgelb bis orange gefärbten Planetenscheibe. Die von Mariner 10 im Jahre 1974 auf Merkur entdeckten Krater- und Gebirgslandschaften, die eine große Ähnlichkeit mit den Oberflächengebilden des Mondes zeigen, kann man natürlich von der Erde aus selbst mit den besten Fernrohren nicht erkennen.
Auf Venus andererseits sind wegen ihrer dichten Atmosphäre über-

Bild 23. So werden Phasenbeobachtungen an Merkur und Venus durchgeführt. Unsere Zeichnung gilt für den Planeten Venus, die deutlich übergreifende Sichelspitzen zeigt. Der Übergriffswinkel wird mit φ gezeichnet. Ferner wird das Verhältnis des Sicheldurchmessers d zum Gesamtdurchmesser der Venusscheibe D bestimmt

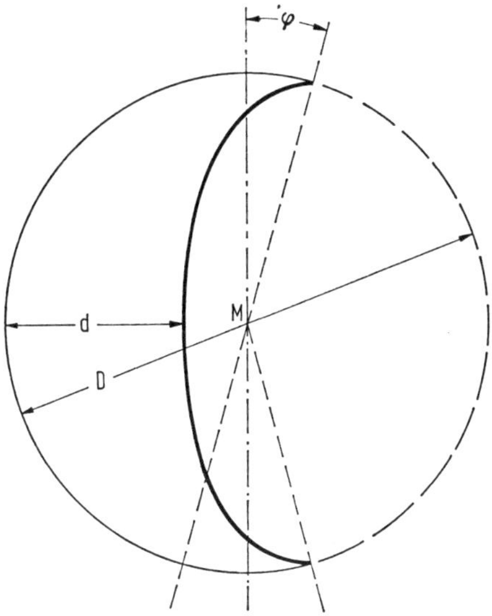

haupt keine Oberflächengebilde sichtbar. Trotzdem beschrieben zahlreiche Beobachter wiederholt schwache Schattierungen. Sie dürften allerdings (falls sie überhaupt reell sind) von der Wolkenobergrenze dieses Planeten herrühren. Übrigens empfiehlt sich wegen der großen Helligkeit der Venus bei Nachtbeobachtungen die Verwendung eines schwachen Dämpfglases (Neutralfilters) oder eines Farbfilters. Bei Tagbeobachtungen empfehlen sich zur Erhöhung der Kontraste Gelb- oder Rotfilter.

Ist die Venussichel außerordentlich schmal, kann man häufig ein Übergreifen der Hörnerspitzen beobachten. Auch dieses Phänomen sollte man zeichnerisch festhalten und ausmessen. Es ist eine Folge der Brechung und Streuung der Sonnenstrahlen innerhalb der Venusatmosphäre, also ein Vorgang, den wir in Gestalt der Dämmerungsgürtel auch auf unserer Erde haben. Die Beobachtung des Übergreifens der Sichelspitzen stellte daher einen ersten Beweis für eine Venusatmosphäre dar. Ein anderer Nachweis ergibt sich bei der Beobachtung von Sternbedeckungen durch die Venus (s. S. 68). Dabei verschwindet nicht, wie bei einer Sternbedeckung durch den Mond, der Stern schlagartig. Vielmehr geht die Helligkeit über 15 bis 20 Sekunden allmählich zurück. Dieser Helligkeitsabfall ist allerdings am Anfang so gering, daß er nur meßtechnisch verfolgt werden kann. Bei visuellen Beobachtungen geht die Helligkeit des Sterns praktisch innerhalb etwa 2 bis 3 Sekunden auf Null zurück.

Bei den unteren Planeten kann es auch zu Vorübergängen vor der Sonnenscheibe kommen. Dabei zeigen sich Merkur oder Venus als kleine pechschwarze Scheibchen. Allerdings finden die nächsten Venusdurchgänge erst am 8. Juni 2004 und am 6. Juni 2012 statt. Etwas besser steht es bei den Merkurdurchgängen. Die nächsten Ereignisse treten am 13. November 1986, 6. November 1993 und 15. November 1999 ein. Allerdings werden sie von Deutschland aus nicht zu beobachten sein. Merkur wandert bei seinen Vorübergängen maximal 8½ Stunden lang über die Sonnenscheibe hinweg.

Mars

Der Planet, auf dem wir bereits mit kleineren Fernrohren die meisten Oberflächeneinzelheiten sehen können, ist Mars. Er ist am besten, d. h. die ganze Nacht hindurch, zu beobachten, wenn er in Opposition zur Sonne steht, also dem hellen Tagesgestirn gegenüber. Er geht dann bei Sonnenuntergang auf und bei Sonnenaufgang unter. Die Marsoppositionen folgen in Abständen von durchschnittlich zwei Jahren und 49,42 Tagen. Wegen der stark elliptischen Form der Marsbahn sind jedoch die einzelnen Marsoppositionen keineswegs gleichartig. Ereignet sich eine Opposition etwa im August, so kann der Abstand zwischen Mars und Erde auf 55,7 Millionen km zusammenschrumpfen. Bei einer Opposition im Februar/März vermindert sich der gegenseitige Abstand dagegen nur auf etwa 101 Millionen km. Da sich Mars im ersteren Falle nahe seines sonnennächsten Bahnpunktes befindet (Perihel), spricht man auch von einer Periheloppositon. Im anderen Falle

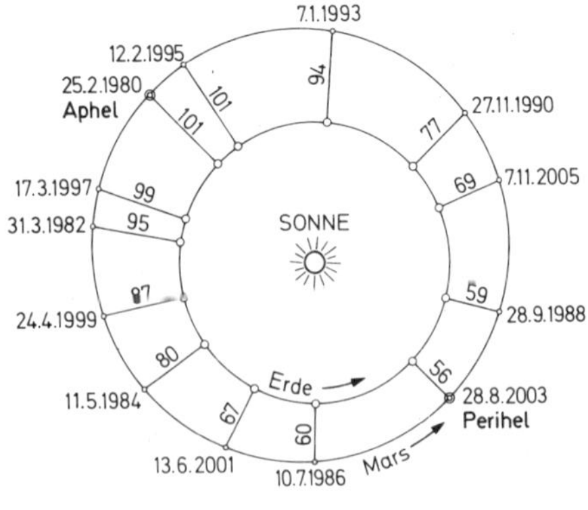

Bild 24. Die Marsoppositionen von 1980 bis 2005. Die Zahlen zwischen den Bahnen geben die Entfernung in Millionen km an

steht Mars nahe seines sonnenfernsten Bahnpunktes (Aphel), und es tritt eine Aphelopposition ein. Der Scheibendurchmesser erreicht bei einer Perihelopposition 25,4 Bogensekunden, bei einer Apheloppo-sition nur 14 Bogensekunden.
Der größte Abstand zwischen Erde und Mars wird natürlich bei einer Konjunktionsstellung zur Sonne erreicht. Hierbei kann für den Fall, daß sich Mars nahe seines Aphels befindet, die Entfernung auf rund 400 Millionen km anwachsen. Das Planetenscheibchen hat dann nur noch einen Durchmesser von etwa 4 Bogensekunden. Eine Perihel-opposition tritt am 22. September 1988 mit 59 Millionen km Abstand ein. Eine Aphelopposition mit 101 Millionen km Entfernung ist am 11. Februar 1995. Der Zeitpunkt der größten Annäherung der Planeten fällt übrigens – wiederum wegen der Elliptizität der Bahnen – nicht genau mit dem Oppositionstermin zusammen. Es ergeben sich Differenzen bis zu mehreren Tagen.

Schon Fernrohre von 5 bis 6 cm Öffnung können zumindest während einer günstigen Opposition eine der beiden Polarkappen und die gröbsten Einzelheiten auf der orangefarbenen Marsscheibe zeigen. Mit Fernrohren über 8 cm Öffnung wird man auch darangehen können, richtige Zeichnungen des Planeten zu entwerfen. Dabei sollte man mit der Beobachtung bereits dann beginnen, wenn der Scheibendurchmesser etwa 12 Bogensekunden erreicht hat. Von diesem Zeitpunkt an fertigt man so oft wie irgend möglich neue Zeichnungen an. Wegen der raschen Rotation des Planeten um seine eigene Achse (die Rotationsdauer beläuft sich auf 24 Stunden, 37 Minuten und 22,65 Sekunden) ergeben sich bereits in Abständen von wenigen Stunden merkliche Verände-rungen. Oft ist es auch reizvoll, Oberflächeneinzelheiten über eine ganze Nacht hinweg, wie es während einer Oppositionsstellung des Mars möglich ist, immer wieder neu zeichnerisch festzuhalten. Da es flächenhafte Objekte sind, die wir auf der Marsscheibe sehen, ist die Zeichentechnik verhältnismäßig einfach. Schwierigkeiten bereitet allerdings oft der Kampf mit der Luftunruhe. Bei horizontnaher Stellung des Planeten oder bei einer entsprechend turbulenten Wetter-lage können die Oberflächengebilde oft nahezu vollständig verwischt sein. Es erfordert viel Geduld, wenn man möglichst zahlreiche Details erfassen will. Oft kommen sie nur in ruhigen Momenten blickweise zur

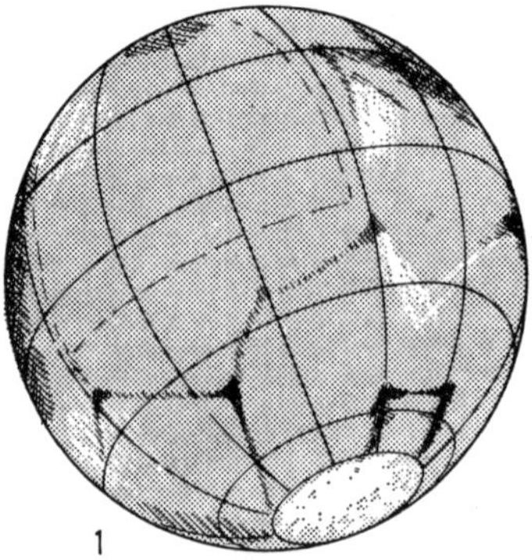

1

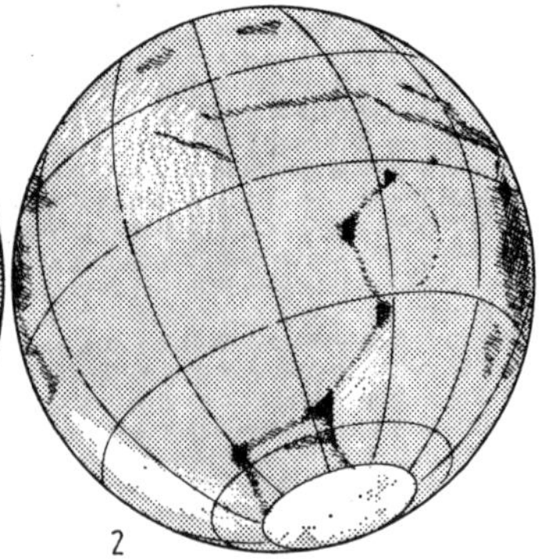

2

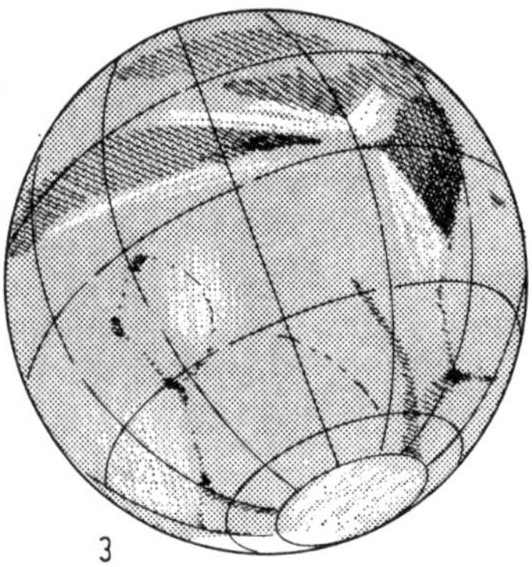

3

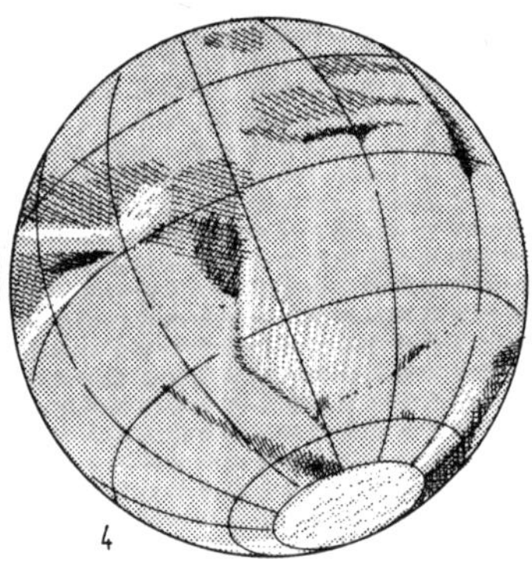

4

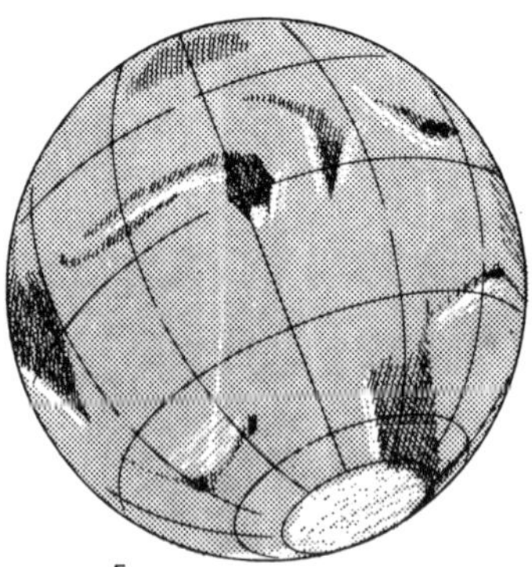

5

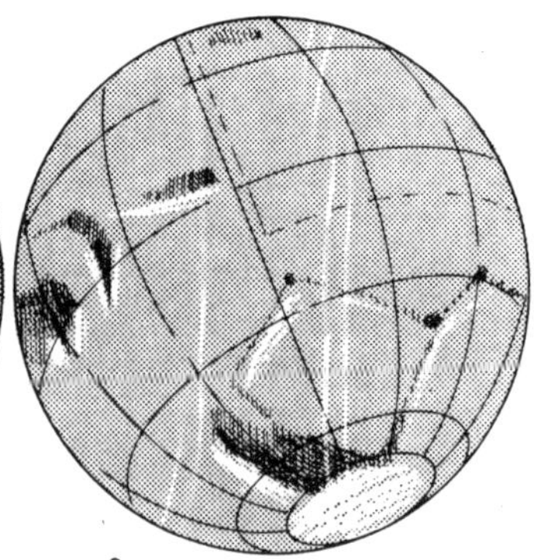

6

Bild 25. So dreht sich der Planet Mars um seine eigene Achse. Gleichzeitig sind die Abbildungen Beispiele für Marszeichnungen, wie sie bereits an kleineren Fernrohren gewonnen werden können (nach K. Graff)

Geltung. Es gilt nun, diese Sekunden zu nutzen, die Einzelheiten rasch zu erfassen und anschließend aufzuzeichnen. Sofern die Luftbeschaffenheit nicht allzu schlecht ist, sollte man bei der Marsbeobachtung eine möglichst hohe Vergrößerung wählen, die etwa an die höchstzulässige Vergrößerung heranreicht (s. S. 13). Dies würde also beispielsweise für ein Instrument von 75 mm Öffnung eine 150fache Vergrößerung und bei einem Fernrohr von 135 mm Öffnung eine 270fache Vergrößerung bedeuten.

Einen nicht unbeträchtlichen Nachteil für Beobachter in Mitteleuropa haben trotz allem die Periheloppositionen: Mars steht bei diesen Gelegenheiten so südlich im Tierkreis, daß er nur verhältnismäßig knapp über den mitteleuropäischen Horizont heraufsteigt. So kommt Mars bei der Nahezu-Perihelopposition vom Jahre 1986 für +50° nördliche Breite nur etwa $12^1/_2$° hoch über den Horizont. Dabei muß natürlich eine starke atmosphärische Unruhe in Kauf genommen werden. Günstiger ist die Lage bei den Oppositionen, die zwar auch noch fast eine Perihelopposition darstellen, aber im Herbst stattfinden. Bei der Opposition im Jahre 1988, die im September stattfindet und zu einem kleinsten Abstand von immerhin nur noch 58,8 Millionen km führt, kommt der rote Planet wenigstens 38° hoch über den Südhorizont. Bei der Opposition vom November 1990 (Abstand 77,3 Millionen km) sind es dagegen sogar $62^1/_2$°!

So ist eine Sammlung von einigen Dutzend Zeichnungen während einer Marsopposition schon eine schöne Leistung. Andererseits wird man auf die Dauer aber nur dann an der Marsbeobachtung Spaß haben, wenn man die gesichteten und gezeichneten Einzelheiten genauer auf etwaige Veränderungen hin überprüft. Am leichtesten sind dabei Veränderungen der Polarkappen festzustellen. Wegen der Neigung der Rotationsachse des Mars ist unserer Erde bei Oppositionen, die im Frühling stattfinden, der Nordpol, und bei Oppositionen, die im Spätsommer und Frühherbst stattfinden, der Südpol des Planeten zugekehrt. Ein Abschmelzen der Polarkappen läßt sich natürlich nur dann beobachten, wenn auf der betreffenden Halbkugel Spätwinter und Frühjahr vorliegt. Bei Periheloppositionen herrscht auf der Mars-

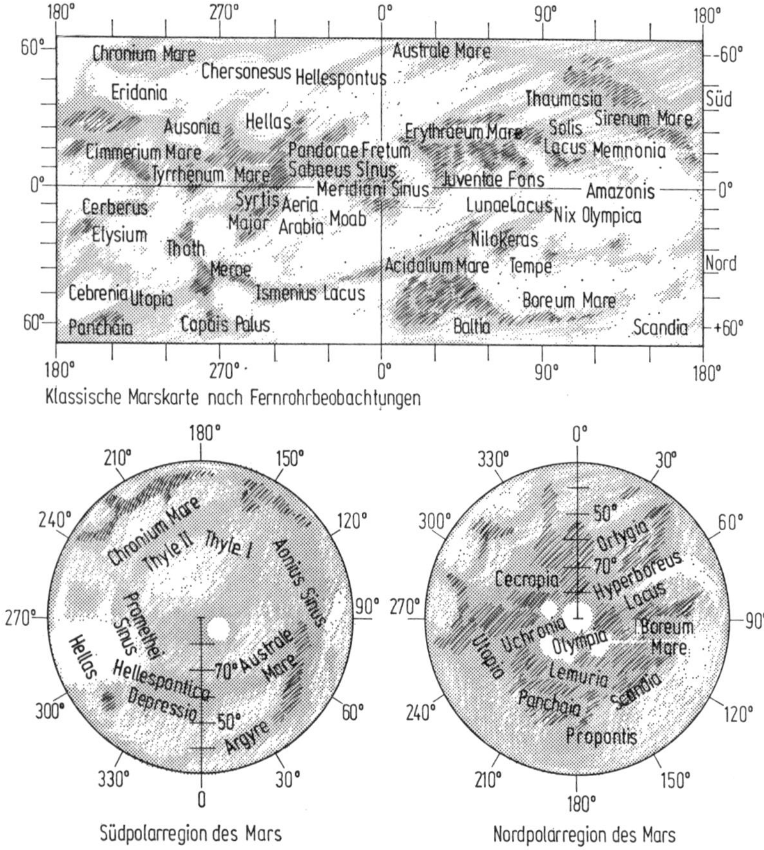

Bild 26. Klassische Marskarten, die nach Fernrohrbeobachtungen erhalten wurden. Viele der darin eingezeichneten Einzelheiten können schon mit kleineren bis mittelgroßen Fernrohren beobachtet werden

Südhalbkugel meistens Frühling, so daß man bei diesen Gelegenheiten das Abschmelzen der Südpolarkappe oft sehr schön beobachten kann. Fällt die Opposition in den Frühherbst, so ist auf der Südhalbkugel des Mars bereits Sommeranfang, und die Polarkappe kann schon auf einen kümmerlichen, kaum mehr wahrnehmbaren Rest zusammengeschmolzen sein. Bei Aphelopositionen kann das Abschmelzen der nördlichen Polarkappe beobachtet werden.

Auch die dunklen Gebiete auf dem Mars zeigen gelegentlich Veränderungen, die mit kleineren Fernrohren von der Erde aus beobachtet werden können. Um diese jedoch sicher beurteilen zu können, bedarf es einer jahrelangen Erfahrung und Vertrautheit mit den Gegebenheiten der Marsbeobachtungen und Marstopologie. Das gilt ebenso für etwaige atmosphärische Erscheinungen: Das Auftauchen weißlicher Wolken, die vielleicht als hochschwebende Eiskristallwolken (Cirrus-Wolken) zu erklären sind, oder das sich Ausbreiten gelblicher Flecke (wahrscheinlich Staubstürme), sind nicht reizlos. Dabei zeigt es sich häufig, daß die Ausbreitung von Staubstürmen in der Nähe des Perihels begünstigt wird. Vielleicht spielt dabei die stärkere Einstrahlung der Sonne eine Rolle.

Wie bei den Sonnenbeobachtungen so ist es auch hier oft von Vorteil, sich ein Bild von der Gradnetz-Situation zu verschaffen. Zunächst können wir sehr leicht die Ost-West-Richtung bestimmen, wenn wir die Bewegung des Mars im Gesichtsfeld des feststehenden Fernrohrs beobachten. Man bedient sich eines Okulars mit Fadenkreuz und dreht dieses so lange um die optische Achse, bis Mars genau auf einem der beiden Fäden läuft. Automatisch ergibt sich damit auch die Nord-Süd-Richtung. Nun schlagen wir in einem astronomischen Jahrbuch den Positionswinkel P der Rotationsachse des Planeten gegenüber der Nord-Süd-Richtung nach. Ferner finden wir in fast allen besseren astronomischen Jahrbüchern auch Angaben über die Breite des Marsscheibenmittelpunkts sowie den Zentralmeridian. Bei Mars spricht man übrigens in Analogie zu den Verhältnissen auf Erde und Sonne von areographischer Länge und Breite. Der Nullmeridian des Mars geht vereinbarungsgemäß durch die sogenannte „Meridianbucht" (lat. sinus meridiani). Mit Hilfe der Fotografien der amerikanischen Marssonde Mariner 9 wurde der Null-Meridian noch etwas genauer festgelegt, und zwar durch den Krater Airy. Doch ist dies für unsere Fernrohrbeobachtungen ohne Belang.

Zentralmeridian und areographische Breite des Scheibenmittelpunkts machen es möglich, die gesehenen Einzelheiten auf Mars mit einer besseren Marskarte zu vergleichen. Es läßt sich also feststellen, ob dieses oder jenes dunkle Gebilde beispielsweise Syrtis maior war oder ein anderes helles Gebilde Eridania. Vor allem der Anfänger sollte aber erst beobachten und zeichnen und danach solche Marskarten zu Rate ziehen, weil er sich sonst allzu leicht bei seinen Aufzeichnungen beeinflussen läßt.

Bei Beobachtungen, die mehrere Wochen oder Monate vor oder nach einer Opposition liegen, muß zusätzlich auf den Phasenwinkel geachtet werden. Es kann dann nämlich auch ein gewisser Teil der Nachtseite des Mars unserer Erde zugekehrt sein, ähnlich wie wir es bei „Dreiviertel-Mond“ beobachten. Der Phasenwinkel kann bei Mars immerhin 46° erreichen. Auch hierzu finden wir die nötigen Angaben in verschiedenen astronomischen Jahrbüchern.

Etwas heikel ist das Kapitel „Marskanäle“. Seit man weiß, daß es sie zumindest in der Form, wie man sie in den vergangenen Jahrzehnten zu beobachten geglaubt hatte, nicht gibt, geht man in letzter Zeit meist schamhaft über dieses „peinliche Kapitel“ in der Geschichte der Marsforschung hinweg. Der Verfasser hält dies nicht ganz für gerechtfertigt. Immerhin haben wenigstens ein bis zwei Generationen von Marsbeobachtern diese Erscheinung gesehen und gezeichnet, angefangen von dem italienischen Astronomen Schiaparelli, der die Kanäle im Jahre 1877 entdeckte, über Lowell um die Jahrhundertwende bis zu vielen Beobachtern, die selbst noch nach 1950 Kanäle in ihre Marszeichnungen einfügten! Und dies, obwohl man schon zu Beginn dieses Jahrhunderts auf die Möglichkeit hinwies, daß es sich bei den Marskanälen um optische Täuschungen handeln könne. Im Jahre 1924 zeigte der Astronom Kühl mittels seiner Kontrastlinien-Theorie, wie man diesen optischen Effekt auch durch verschiedene Tests nachweisen kann.

Optische Täuschung hin oder her, der Beobachter sollte keine Hemmungen haben, Kanäle in seine Zeichnungen einzufügen, wenn er sie wirklich zu sehen glaubt! Es kann ja nicht Aufgabe eines Planetenbeobachters sein, von vornherein Realität und Fiktion voneinander zu trennen! Diese Trennung kann erst eine Diskussion der vorliegenden Beobachtungen ergeben. Denn wer garantiert, daß wenigstens alle anderen gesichteten Einzelheiten wirklich reell sind? Andererseits ist noch gar nicht vollständig erwiesen, ob wirklich sämtliche jemals gesichteten Marskanäle in das Reich der Täuschung zu verweisen sind. Für die Mehrzahl wird dies zwar wohl zutreffen. Aber einzelne Kanäle können durchaus die Kombination mehrerer kleinerer hintereinander gereihter Einzelheiten der Marsoberfläche sein, die als solche wirklich existieren. Allerdings wird man „Kanäle“ nicht in den allerkleinsten Instrumenten beobachten können. Ein Instrument von mindestens 10 cm Öffnung wird in jedem Falle vonnöten sein. Man kann sich dabei auch überlegen, ob die Kanäle besonders dann sichtbar sind, wenn die Luftverhältnisse ungünstig ausfallen, oder umgekehrt. Auch dies könnte ein Hinweis auf die Realität dieser Erscheinungen sein. Immerhin ist das Studium dieses Phänomens nicht ohne Interesse, selbst wenn sämtliche gesichteten Kanäle nur optische Täuschungen sind.

Die beiden Marssatelliten Phobos und Deimos müssen wir leider aus unserer Beobachtungsliste streichen. Ihre Helligkeit beträgt maximal nur etwa 12^m bis 13^m, so daß wir – zumal bei ihrem winzigen Winkelabstand von der hellen Marsscheibe – wesentlich größere Instrumente zu ihrer Aufsuchung benötigen, als sie einem Amateur zur Verfügung stehen.

Die Kleinplaneten

Ein interessantes Beobachtungsfeld stellen die Kleinplaneten (Planetoiden, Asteroiden) dar. Als gesichert gelten heute rund 3000. Die weitaus meisten bleiben allerdings mit ihrer Helligkeit selbst bei einer günstigen Perihelopposition unter der 10. Größenklasse und sind daher allenfalls sehr großen Amateurinstrumenten oder den professionellen Sternwarten zugänglich. Doch läßt sich eine größere Anzahl von Kleinplaneten auch mit weniger lichtstarken Instrumenten beobachten. Die folgende Tabelle verzeichnet die mittleren visuellen Oppositionshelligkeiten der Planetoiden, die wenigstens über $10{,}0^m$ gelangen.

Tabelle: Die mittleren visuellen Oppositionshelligkeiten der Planetoiden, die über $10{,}0^m$ gelangen.

Nr.	Name	mittlere Oppositions-helligkeit	Nr.	Name	mittlere Oppositions-helligkeit
1	Ceres	$7{,}4^m$	19	Fortuna	$9{,}8^m$
2	Pallas	8,0	20	Massalia	9,2
3	Juno	8,7	22	Kalliope	9,8

Nr.	Name	mittlere Opositions-helligkeit	Nr.	Name	mittlere Opositions-helligkeit
4	Vesta	$6,5^m$	27	Euterpe	$9,7^m$
5	Astraea	9,9	29	Amphitrite	9,0
6	Hebe	8,5	30	Urania	9,9
7	Iris	8,4	39	Laetitia	9,5
8	Flora	8,9	40	Harmonia	9,2
9	Metis	8,9	44	Nysa	9,8
10	Hygiea	9,5	51	Nemausa	9,8
11	Parthenope	9,3	63	Ausonia	9,9
12	Victoria	9,7	192	Nausikaa	9,3
13	Egeria	9,7	324	Bamberga	9,9
14	Irene	9,7	349	Dembowska	9,8
15	Eunomia	8,6	511	Davida	9,6
16	Psyche	9,6	532	Herculina	9,8
18	Melpomene	9,3			

Allerdings können diese Helligkeiten bei einer günstigeren Perihelopposition zum Teil noch erheblich höher liegen. Wegen der starken Exzentrizität der Planetoidenbahnen spielt dies eine besonders große Rolle. Vesta kann bei einer Perihelopposition sogar die Helligkeit $6,0^m$ erreichen, so daß sie in einer sehr klaren Nacht außerhalb der Städte theoretisch noch mit bloßem Auge beobachtet werden kann. Es ist nur eine genaue Kenntnis der Position dieses Kleinplaneten unter den etwa gleichhellen Fixsternen erforderlich. Dabei muß man natürlich wieder auf die Ephemeriden eines astronomischen Kalenders oder Jahrbuchs zurückgreifen. Die meisten Jahrbücher bringen zumindest für die helleren Kleinplaneten, die den Amateur interessieren, ausführliche Ephemeriden und sogar Aufsuchungskärtchen.

Gelegentlich kann sogar ein so ausgefallener Kleinplanet wie Eros, wenn er die Marsbahn nach innen überkreuzt und unserer Erde während einer Perihelopposition auf 22 Millionen km nahe kommt, mit ganz kleinen Instrumenten gesehen werden. Wächst doch die Helligkeit von Eros während einer Perihelopposition auf immerhin $6,5^m$ an. Etwa diese Situation fand zuletzt im Januar 1975 statt. Aber auch Ceres gelangt während einer Perihelopposition immerhin zur Helligkeit $7{,}0^m$, Pallas sogar auf $6{,}3^m$ und Juno auf $6{,}9^m$.

Was kann nun der Amateurastronom an den Kleinplaneten beobachten? Zunächst macht es natürlich Spaß, ihren Weg über den Sternhimmel in jeder klaren Nacht zu verfolgen. Ein Scheibchen wird man allerdings selbst mit den leistungsfähigsten Amateurinstrumenten nicht wahrnehmen können. Dazu sind die Objekte zu klein, und ihre Entfernung ist zu groß. Dagegen könnte es in günstigen Fällen gelingen, den Helligkeitswechsel einiger Planetoiden festzustellen, der auf die Rotation dieser Körper und ihre unregelmäßige Gestalt zurückzuführen ist. Die offenbar häufig länglichen oder hantelförmigen Kleinplaneten weisen unserer Erde während einer Rotationsperiode zweimal ihre Spitze und zweimal die Breitseite zu. Die Amplitude dieser Helligkeitsschwankungen ist allerdings auch abhängig davon, welche räumliche Lage die Rotationsachse des Kleinplaneten zu unserer Erde einnimmt.

Die größeren Kleinplaneten haben einen geringen Rotationslichtwechsel, da sie nahezu kugelförmige Gestalt aufweisen. Vor allem die kleineren Planetoiden zeigen stärkere Amplituden. Das ist natürlich für den Amateur bedauerlich, weil ja gerade diese kleineren und damit lichtschwächeren Kleinplaneten seinen Instrumenten verschlossen sind. Ein Lichtwechsel, der nur 0,1 Größenklassen ausmacht, könnte vielleicht gerade noch von einem versierten Beobachter festgestellt werden. Daher sind auf Seite 80 diejenigen Planetoiden zusammengestellt, die eine größere maximale Amplitude ihres Lichtwechsels zeigen und trotzdem häufig noch mit Amateurfernrohren aufgefunden werden können.

Die Helligkeitsschätzungen selbst werden nach den üblichen Methoden zur Beobachtung Veränderlicher Sterne durchgeführt (s. S. 129 ff.). Es ist übrigens dabei nicht unbedingt erforderlich, daß die Helligkeiten der Vergleichssterne in Größenklassen bekannt ist. Man kann in diesem Falle durchaus auch mit einer Stufenskala arbeiten. Am reizvollsten ist es natürlich, solche Kleinplaneten, die über eine sehr kurze Lichtwechselperiode verfügen, während einer ganzen Nacht immer wieder in Abständen von mehreren Minuten zu beobachten. Vor allem bei kleineren Lichtwechselamplituden muß man allerdings sehr stark die Wirkung der Lichtextinktion berücksichtigen. Steht z. B. der Klein-

Tabelle: Lichtwechselamplitude und Lichtwechselperiode einiger Planetoiden

Nr.	Name	maximale Lichtwechsel-amplitude	Periode des Lichtwechsels
2	Pallas	$0{,}13^{m}$	$10^{h}\,40^{m}$
3	Juno	0,15	7 13
4	Vesta	0,13	5 20
6	Hebe	0,16	7 17
7	Iris	0,29	7 08
9	Metis	0,26	5 05
10	Hygiea	0,10	18 ?
15	Eunomia	0,53	6 05
16	Psyche	0,12	4 18
20	Massalia	0,20	8 06
22	Kalliope	0,14	4 09
39	Laetitia	0,53	5 09
44	Nysa	0,43	6 25
433	Eros	1,5	2 38
511	Davida	0,25	5 13

planet zum Beginn der Beobachtung verhältnismäßig nahe am Horizont, wandert später höher in den Meridian hinauf, um in späteren Nachtstunden wieder zum Horizont herunterzuwandern, so ergibt sich allein schon durch diesen Effekt ein scheinbarer Lichtwechsel, der mehrere Zehntel Größenklassen betragen kann. Durch die Extinktion könnten sich also leicht Helligkeitsschwankungen zeigen, die in Wirklichkeit überhaupt nicht vorhanden sind. An die Beobachtung des Rotationslichtwechsels von Kleinplaneten sollte man sich erst dann heranwagen, wenn man bei der Beobachtung Veränderlicher Sterne schon einige Erfahrungen erworben hat. Auch in diesem Fall ist bei Lichtwechselamplituden in der Größenordnung einer Zehntel Größenklasse Vorsicht geboten. Schwankungen, die über mehrere Zehntel Größenklassen laufen, sind beobachtungsmäßig leichter zu erfassen. In diesem Falle wäre Eros ein besonderer Leckerbissen. Leider kommt

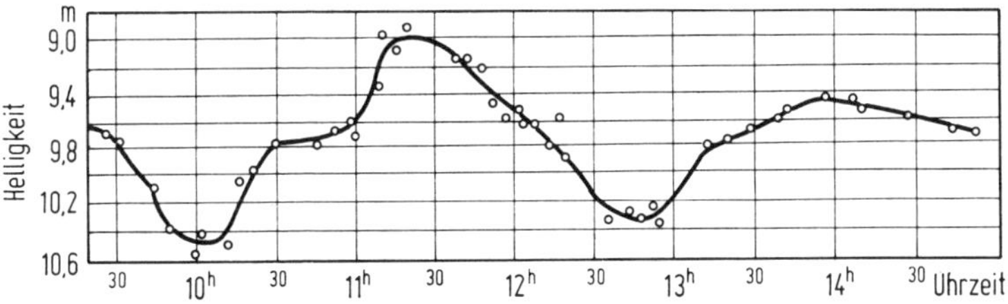

Bild 27. Die Lichtwechselkurve des Kleinplaneten Eros (433), beobachtet von K. Graff

er aber unserer Erde nur selten so nahe, daß man mit kleineren Fernrohren Helligkeitsschätzungen ausführen kann.

Jupiter

Jupiter ist der Planet, auf dem man schon mit kleinen Fernrohren ziemlich konstant Einzelheiten beobachten kann. Allerdings handelt es sich hier nicht wie bei Merkur und Mars um Gebilde einer festen Oberfläche, sondern um Wolkenformationen. Schon ein Instrument von etwa 5 cm Öffnung zeigt zumindest die beiden dunklen Äquatorialbänder. Mit zunehmender Öffnung werden wir mehr und mehr Einzelheiten wahrnehmen: die in den mittleren und höheren Breiten gelegenen Bänder ebenso wie zusätzliche hellere und dunklere Flecken. Diese Gebilde verändern sich dauernd. Zunächst dreht sich Jupiter verhältnismäßig rasch um seine eigene Achse, wobei die Äquatorzone eine Rotationszeit von etwa 9^h50^m zeigt, während die übrigen Breiten eine Rotationszeit von 9^h55^m aufweisen. Wir haben also zwei Rotationssysteme. Die raschere Rotation der Äquatorzone ist offenbar auf eine äquatoriale atmosphärische Strömung in der Rotationsrichtung zurückzuführen. Die Äquatorzone kommt pro Stunde um einen Winkelbetrag von 36,6° weiter (System I), die höheren Breiten um 36,3° (System II). Für beide Systeme werden in den astronomischen Jahrbüchern die Zentralmeridiane laufend angegeben. Aber auch die atmosphärischen Gebilde selbst verändern sich. So ist ein Studium dieser Veränderungen durchaus reizvoll. Dazu zeichnen wir alle gesichteten Einzelheiten in eine Planetenschablone ein. Sie muß allerdings die mit 1 : 16 starke Abplattung des Jupiter berücksichtigen. Das Grundschema der Oberflächeneinzelheiten auf Jupiter zeigt die beigefügte Abbildung. Gelegentlich kommen aber Abweichungen von diesem Schema vor, etwa durch eine Vereinigung des südlichen mit dem nördlichen Äquatorialband oder dgl.

Von den verschiedenartigsten Phänomenen, die das Schema umfaßt, ist das bekannteste der „große rote Fleck" (GRF), möglicherweise eine Art Wirbelsturm in der Jupiteratmosphäre. Er befindet sich auf der südlichen Halbkugel zwischen dem südlichen Äquatorialband und dem südlichen tropischen Band und gehört zu den beständigsten Gebilden auf Jupiter. Aber auch beim GRF sind gelegentlich Farbverände-

Bild 28. Die Nomenklatur der Einzelheiten auf der Jupiterscheibe

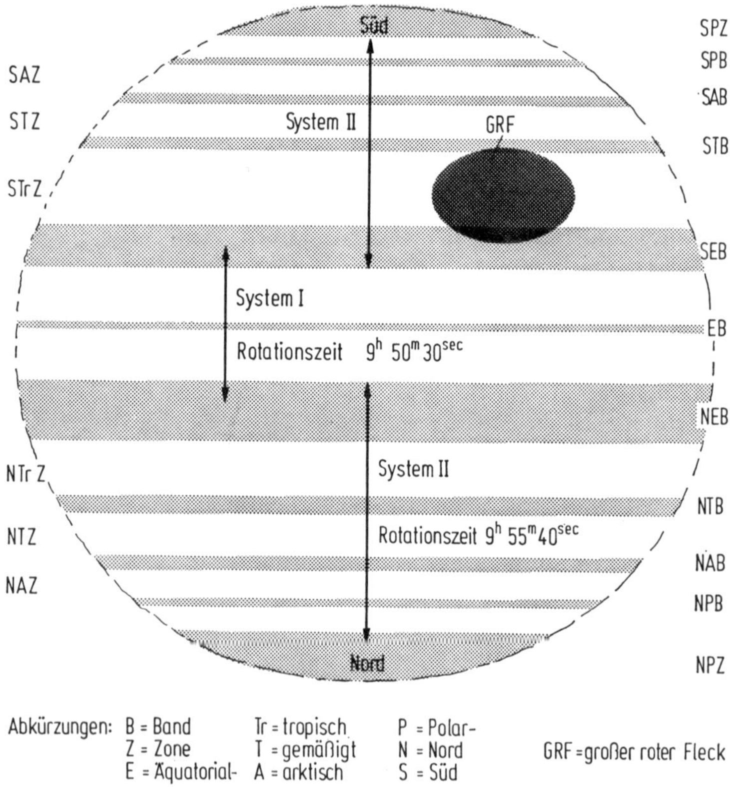

Bild 29. Jupiterzeichnung nach Beobachtungen am 15 cm-Refraktor (nach Dr. Stuker)

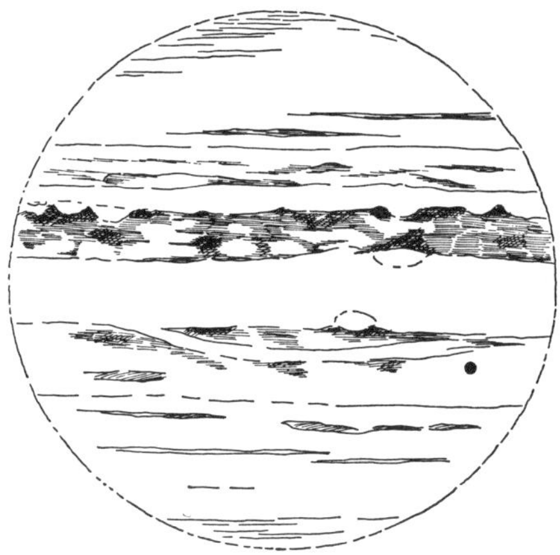

rungen festgestellt worden. Teilweise war er gelblich oder gar weiß, und zu bestimmten Zeiten verschwand er sogar vollständig. Immer wieder kam er aber in alter Frische zum Vorschein. Seine jovigraphische Länge, im System II ausgedrückt, verändert sich dabei im Laufe der Zeit, während er in nordsüdlicher Richtung kaum Lageveränderungen durchführt.

Bestimmungen der jovigraphischen Länge des GRF sind bei versierten Jupiterbeobachtern seit vielen Jahrzehnten sehr beliebt. Die Methode ist verhältnismäßig einfach: Man wartet ab, bis infolge der Jupiterrotation der GRF genau im Zentralmeridian steht. Das menschliche Auge hat die Fähigkeit, die Mittelstellung des GRF, also seine symmetrische Lage zum Jupiterrand, außerordentlich genau festzulegen. Der Zeitpunkt des Durchgangs des GRF durch den Zentralmeridian kann mit einem Fehler von nur wenigen Minuten festgehalten werden. Liest man nun aus einem Jahrbuch für diesen Zeitpunkt den Zentralmeridian im System II ab, so hat man bereits den gewünschten Wert für die jovigraphische Länge der Mitte des GRF. Mit etwas größeren Amateurinstrumenten kann man den Meridiandurchgang des GRF sogar auf die Minute genau bestimmen, was einer Genauigkeit von 0,6° jovigraphischer Länge entspricht. Natürlich kann man dieses Verfahren auch auf alle anderen markanten Einzelheiten der Jupiteratmosphäre anwenden. Da gibt es weiße oder graue Flecken, Aus- oder Einbuchtungen der dunklen Bänder, Kerben, Brücken und stegartige Verbindungen, Stäbchen, granatfarbene kleinere Flecken usw.

Reizvoll ist es auch, die Jupiterzeichnungen in Abständen von etwa einer halben oder ganzen Stunde zu wiederholen. Deutlich kann man dabei die Wirkung der Jupiterrotation erkennen. Steht der Planet in

Opposition zur Sonne und fällt diese nicht gerade in eine Zeit um die Sommersonnenwende, so läßt sich während nur einer Nacht bereits eine volle Jupiterrotation verfolgen. Damit ist es aber auch möglich, eine vollständige Karte der atmosphärischen Einzelheiten zusammenzustellen. Da sich die Entfernung des Jupiter von unserer Erde nicht so stark ändert wie beispielsweise bei Mars, können wir diesen Planeten auch außerhalb seiner Oppositionszeiten gut beobachten. Schwankt doch sein scheinbarer Durchmesser nur zwischen 31 und 48 Bogensekunden.

Von den insgesamt 16 Jupitersatelliten können wir vier bereits in kleineren Fernrohren beobachten. Es sind dieselben, die schon Galileo Galilei im Jahre 1610 und etwa mit ihm gleichzeitig Simon Marius und Thomas Harriot entdeckten. Heute genügt ein leistungsfähiger Feldstecher, um diese 4 Satelliten zu beobachten. Eigentlich müßte ihre scheinbare Helligkeit sogar ausreichen, sie mit bloßem Auge zu beobachten. Ihre unmittelbare Nachbarschaft zu dem seine Umgebung überstrahlenden Jupiter verhindert dies allerdings. Die nachstehende Tabelle gibt für diese vier Satelliten die für den Beobachter wichtigsten Einzelheiten für eine mittlere Opposition.

Tabelle: Die wichtigsten Beobachtungsdaten der vier Galilei'schen Monde des Jupiter

Trabant	synodische Umlaufszeit	mittlere Helligkeit	mittlerer scheinbarer Durchmesser
I Io	$1^d 18^h 28^m 36^s$	$5{,}43^m$	1,05″
II Europa	1 13 17 54	5,57	0,87
III Ganymed	7 3 59 36	5,07	1,52
IV Kallisto	16 18 5 7	6,12	1,43

Die Angaben über den scheinbaren Durchmesser zeigen uns, daß bei einer günstigen Opposition des Jupiter wenigstens Ganymed und Kallisto in einem größeren Amateurfernrohr ab 15 cm Öffnung als kleine Scheibchen erscheinen.

Jedes astronomische Jahrbuch bringt Angaben über die Stellungen der Jupitersatelliten bezüglich der Planetenscheibe von Nacht zu Nacht.

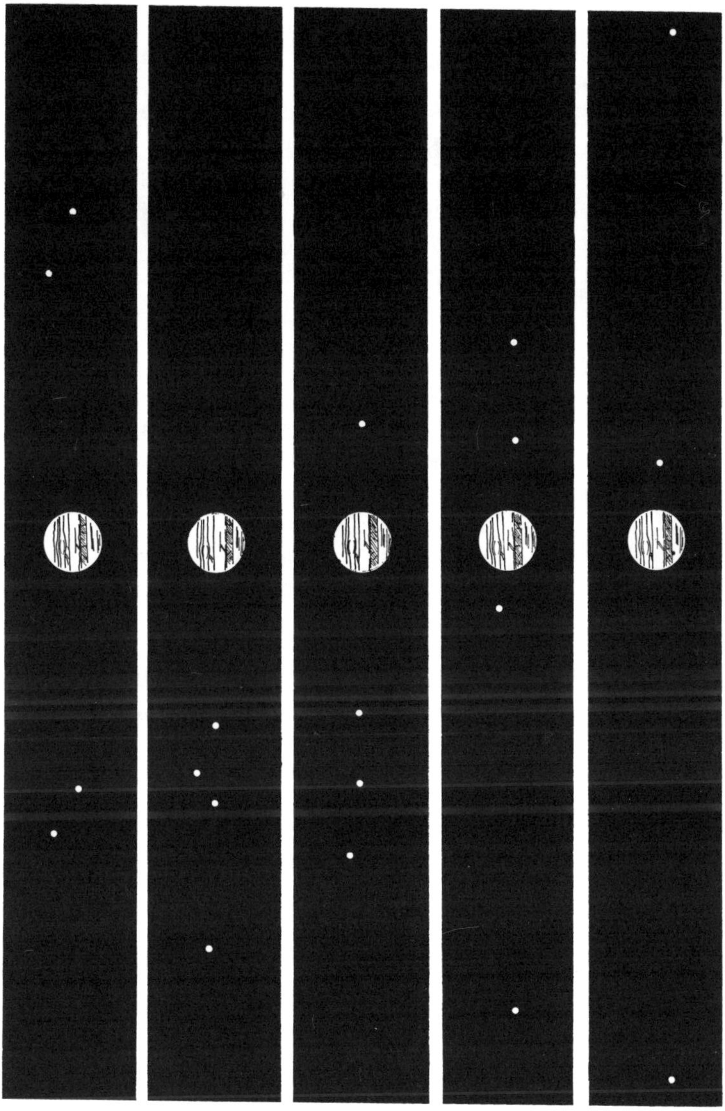

Bild 30. Positionsveränderungen der vier größten Jupitersatelliten an fünf verschiedenen Tagen (Norden ist rechts)

Damit ist ihre Identifikation leicht möglich. Darüber hinaus gibt es eine Reihe von Erscheinungen, die meist ebenfalls in astronomischen Kalendern verzeichnet sind:

1. Bedeckungen der Trabanten durch die Planetenscheibe.
2. Verfinsterungen der Trabanten bei ihrem Durchgang durch den Jupiterschatten. Derartige Ereignisse sind zum Zeitpunkt der Opposition sowie einige Tage vorher und nachher nicht zu beobachten, da dann der Jupiterschatten vollständig hinter der Jupiterscheibe liegt. Einige Zeit vor der Opposition kann dagegen beobachtet werden, wie der Satellit auf der westlichen Seite der Jupiterscheibe in den Planetenschatten eintritt. Nach der Opposition erfolgen die Verfinsterungen auf der östlichen Seite. Beim Satelliten I können Eintritt und Austritt aus dem Jupiterschatten niemals hintereinander beobachtet werden, da der Abstand zwischen diesem Satelliten und Jupiter zu klein ist. Auch beim Satelliten II sind in der Regel nur der Eintritt oder der Austritt aus dem Schatten für sich allein zu beobachten. Bei Ganymed, Satellit III, kann der Eintritt und der darauffolgende Austritt aus dem Schatten beobachtet werden, mit Ausnahme der Verfinsterungen, die zeitlich in zu großer Nähe einer Jupiteropposition stattfinden. Dasselbe gilt für den Satelliten IV.
3. Vorübergänge der Monde vor der Planetenscheibe. Wegen des zu geringen Kontrastes der Satelliten vor der Jupiterscheibe können derartige Ereignisse allerdings nur mit größeren Amateurinstrumenten verfolgt werden. Eine Öffnung über 10 cm ist erforderlich.
4. Auftreffen eines Trabantenschattens auf der Jupiterscheibe. Auch dieses Ereignis kann nur in etwas größeren Liebhaberfernrohren beobachtet werden, ist aber immer noch leichter festzustellen als die vorausgehenden Ereignisse. Die Schatten der Trabanten zeigen sich als kleine pechschwarze Gebilde, die über die Jupiterscheibe hinwegziehen.
5. Sehr enges aneinander Vorüberziehen zweier Trabanten. Gelegentlich sind auch gegenseitige Bedeckungen zweier Satelliten möglich.
6. Gegenseitige Verfinsterungen zweier Satelliten.

Bedeckungen oder Verfinsterungen finden nur dann statt, wenn die Rektaszension des Planeten etwa 8^h oder 20^h beträgt, d. h. wenn Jupiter ungefähr im Bereich Zwillinge/Krebs oder Schütze/Steinbock steht. Viele der vorausgenannten Ereignisse, insbesondere die Verfinsterungen der Jupitersatelliten bei ihrem Eintritt in den Jupiterschatten oder

gegenseitige Bedeckungen und Verfinsterungen, können auch zu Helligkeitsschätzungen benutzt werden.
Ganz selten tritt auch der Umstand ein, daß einmal sämtliche vier großen Satelliten unsichtbar sind, sei es, daß sie hinter der Jupiterscheibe stehen, sich im Jupiterschatten befinden oder über die Jupiterscheibe hinwegziehen. Bis zum Jahre 2000 finden derartige Ereignisse am 15. Juni 1990, 2. Januar 1991 und 27. August 1997 statt, und zwar jeweils für einen Zeitraum von 30 bis 90 Minuten.

Saturn

Beim Planeten Saturn wird vor allem die Beobachtung seines Ringsystems den Sternfreund beschäftigen. Oft wird gefragt, welche Instrumentengröße mindestens erforderlich ist, um den Saturnring beobachten zu können. Ein Fernrohr von 5 cm Öffnung und 30facher Vergrößerung reicht gerade aus, um den Ring zu erkennen. Wegen der nur sehr geringen Entfernungsunterschiede zu unserer Erde ist man bei der Beobachtung des Saturn keinesfalls nur auf die Oppositionszeit angewiesen, um das Höchstmögliche herauszuholen. Dagegen wird man den Ring besser beobachten können, wenn die sogenannte „Ringöffnung“ verhältnismäßig groß ist, d. h. wenn der Neigungswinkel des Saturnringes gegenüber der Sichtlinie Erde – Saturn nahe seinem Maximum steht. Die stärkste Kippung des Ringes beträgt etwa 28°. Diese größtmögliche Ringöffnung (1988, 2003) ereignet sich zweimal

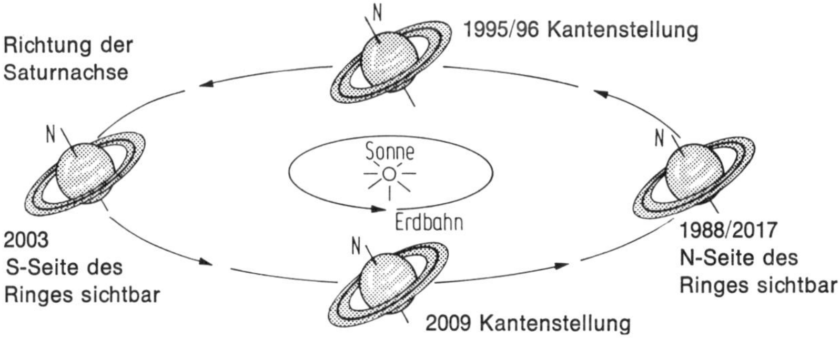

Bild 31. Veränderungen in der Sichtbarkeit des Saturnrings von 1988 bis 2017

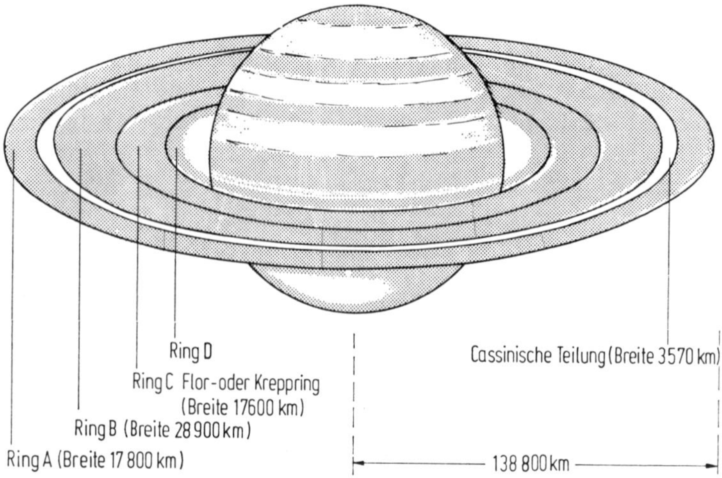

Bild 32. Das Schema der Saturnringe. Mit kleinen Fernrohren sind nur die Ringe A und B sichtbar

während eines Saturnumlaufs um die Sonne von 29½ Jahren. Dazwischen tritt zweimal der Zeitpunkt ein, zu dem man nahezu auf die Kante des Ringes blickt (1995, 2009). Bei dieser Gelegenheit verschwindet der Ring in kleinen Fernrohren vollständig, zumal es hierbei vorkommen kann, daß man von der Erde aus auf die unbeleuchtete, beschattete Seite des Ringes blickt.

Bekanntlich ist der Ring des Saturn aus mehreren Einzelringen zusammengesetzt. Schon mit einem Instrument von etwa 60 mm Öffnung und 100facher Vergrößerung wird man sehen, daß der Saturnring in seinem äußeren Teil etwas lichtschwächer ist als in seinem inneren Teil. Die dazwischenliegende Cassini'sche Teilungslinie, die etwa eine Breite von einer Bogensekunde hat, wird man allerdings erst mit einem Fernrohr von 8 bis 10 cm Öffnung und entsprechend hoher Vergrößerung sehen können. Die gelegentlich von Saturnbeobachtern beschriebenen weiteren Teilungen im Ringsystem, beispielsweise die Encke'sche Teilung inmitten des äußeren Ringes A, dürfte man mit Amateurfernrohren nicht sehen können. Dasselbe gilt auch für den inneren Ring C, den 1969 gefundenen Ring D und die durch die neuen Raumsonden weiter außen entdeckten Ringe E, F und G.

Dagegen kann man bereits im mittleren Liebhaberfernrohr vor und nach der Opposition sehr gut den Schatten des Planeten auf dem Ring erkennen, und zwar vor der Opposition auf der westlichen, nach der Opposition auf der östlichen Seite des Planeten. Am besten beobachtet man dieses Phänomen in einem zeitlichen Abstand von etwa einem Vierteljahr vor oder nach der Opposition. Auch der Schatten des Ringes auf der Planetenkugel ist häufig zu beobachten.
Auf Saturn selbst können ähnlich wie auf Jupiter Wolkenstrukturen wahrgenommen werden. Sie sind aber bedeutend zarter als bei Jupiter und erfordern deswegen etwas größere Fernrohre ab etwa 8 cm Öffnung. Auch hier kann man Zeichnungen machen, zu denen man Schablonen anfertigt, die die starke Abplattung des Saturn von 1 : 10 berücksichtigen. Da in den Wolkenformationen des Saturn nur wenig konkrete Einzelheiten wahrnehmbar sind, läßt sich auch die Rotation des Planeten mit kleineren Instrumenten kaum eindeutig nachweisen. In der Äquatorzone zeigt Saturn eine Rotationsdauer von $10^h 14^m$. In höheren Breiten rotiert Saturn allerdings wesentlich langsamer. In 27° Breite beträgt die Rotationsdauer das 1,06fache, in 42° Breite das 1,08fache und in 57° Breite das 1,11fache des Wertes für den Äquator. Gelegentlich tauchen weiße Flecken auf Saturn auf, die etwas deutlicher die Rotationszeiten bestimmen lassen. Unter Umständen muß man allerdings mehrere Jahre auf derartige auffällige Phänomene warten.
Von den insgesamt 21–23 Saturnsatelliten können mit Liebhaberfernrohren je nach Leistungsfähigkeit bis zu 6 beobachtet werden. Diese Satelliten sind in der nachstehenden Tabelle zusammengefaßt.

Bild 33. Zwei Zeichnungen des Planeten Saturn von J. Herrmann, gewonnen an einem 10 cm-Refraktor

Tabelle: Die wichtigsten Beobachtungsdaten der Saturnsatelliten

Trabant	Synodische Umlaufszeit	Helligkeit in mittlerer Oppositionsentfernung
II Enceladus	$1^d08^h53^m22^s$	$11{,}7^m$
III Thetys	1 21 18 55	10,6
IV Dione	2 17 42 10	10,7
V Rhea	4 12 27 56	9,7
VI Titan	15 23 15 25	8,3
VIII Japetus	79 22 04 56	10,1 – 11,9

Enceladus, teilweise aber auch Thetys sind etwas schwierige Objekte. Zu ihrer Beobachtung wird man ein Instrument von wenigstens 10 cm Öffnung heranziehen müssen und eine Aufsuchung nur dann planen, wenn die beiden Satelliten nahe ihrer östlichen oder ihrer westlichen Elongation stehen, d. h. also den weitmöglichsten Winkelabstand von dem Ringplaneten einnehmen. In einer mittleren Opposition beläuft sich die Winkeldistanz von Saturn dabei auf 38 Bogensekunden bzw. 48 Bogensekunden. Dione ist zwar praktisch auch nicht heller als Thetys, kann aber 61 Bogensekunden von Saturn entfernt sein. Dadurch steht er schon eher außerhalb der überstrahlten Nachbarschaft des Ringplaneten. Gelegentlich wurde für Dione eine periodische Helligkeitsschwankung vermutet. Und zwar soll die Helligkeit in der östlichen Elongation bis zu $0{,}5^m$ größer sein als in der westlichen Elongation. Rhea kann dagegen unter Umständen schon mit einem Instrument von etwa 6 bis 7 cm Öffnung aufgefunden werden. Der Winkelabstand von Saturn beträgt bis zu 85 Bogensekunden. Ganz besonders leicht ist dagegen Titan zu beobachten. Es genügt dazu bereits ein Fernrohr von 5 cm Öffnung. Außerdem kann Titan immerhin einen Winkelabstand von 3′17″erreichen. Bei seiner hohen Helligkeit kann er praktisch während seines ganzen Umlaufs um Saturn auch mit einem kleinen Fernrohr verfolgt werden.

Japetus zeigt eine sehr starke Helligkeitsschwankung. Steht dieser Satellit in der westlichen Elongation, ist er immerhin bis zu $1{,}8^m$ heller als östlich des Planeten. Man wird daher zweckmäßigerweise seine Aufsuchung in den Zeitraum um die westliche Elongation verlegen. Er ist dann im Durchschnitt 9′35″ von Saturn entfernt und kann schon in einem Instrument von etwa 8 cm Öffnung gefunden werden. Zur Beobachtung der Veränderlichkeit des Japetus wird man allerdings ein Instrument von etwa 10 cm Öffnung benötigen. Im Gegensatz zu den größten Jupitersatelliten können wir selbst den größten Saturnmond, Titan, in einem Amateurfernrohr nicht mehr als ein Scheibchen wahrnehmen, da sein Durchmesser unter einer Bogensekunde liegt. Auch die verschiedenen Erscheinungen, wie wir sie bei den Jupitersatelliten kennengelernt haben, sind bei den Saturntrabanten wesentlich seltener zu verfolgen. Der Eintritt eines Satelliten in den Saturnschatten oder das Auftreffen eines Satellitenschattens auf der Saturnkugel (was ohnedies schwer zu beobachten wäre) tritt nur ein, wenn ungefähr eine „Kantenstellung" des Saturnrings vorliegt. Dies hängt damit zusammen, daß die für kleinere Fernrohre in Betracht kommenden Satelliten sich nahezu in der Äquatorebene des Saturns bewegen und der Ring gleichfalls in der Äquatorebene ausgebreitet liegt. Die erwähnten Phänomene können also nur dann auftreten, wenn wir von der Erde aus fast auf die Kante der Äquatorebene des Planeten blicken. Dasselbe gilt auch für Bedeckungen des Trabanten durch Saturn und Vorübergänge des Satelliten vor der Saturnscheibe.

Uranus

Uranus erreicht in einer mittleren Opposition eine Helligkeit von $5{,}5^m$, könnte also sogar schon mit bloßem Auge beobachtet werden. Doch ähnlich wie bei der Aufsuchung der hellsten Kleinplaneten benötigt man auch hier eine gute Aufsuchungskarte, damit es keine Verwechslung mit Fixsternen gibt. Für einen Test der örtlichen Beobachtungsverhältnisse und der Lichtstärke der Augen ist eine solche Uranus-Aufsuchung ganz nützlich. Von Städten, auch von Kleinstädten aus, wird man allerdings unter den heutigen Beleuchtungs- und Dunstverhältnissen in Mitteleuropa schwerlich diese Aufsuchung mit einem Erfolg abschließen können. Mit einem Opernglas oder Feldstecher kann man dagegen Uranus ziemlich leicht auffinden. Im Fernrohr zeigt sich Uranus in einer grünlichen, gelegentlich grünlichbläulichen Färbung. Als Scheibchen mit einem Durchmesser von maximal etwa 4 Bogensekunden wird man ihn bereits mit einem Instrument von 8–10 cm Öffnung und entsprechender Vergrößerung wahrnehmen. Oberflächeneinzelheiten, die ähnlich wie bei Jupiter und Saturn atmosphärische Gebilde sind, lassen sich allerdings mit Liebhaberfernrohren nicht mehr ausfindig machen. Auch die fünf Uranussatelliten bleiben dem Amateur verschlossen.

Neptun

Neptun erreicht in der Opposition eine Helligkeit von etwa $7{,}7^m$ und ist damit wenigstens einem guten Feldstecher zugänglich. Sein Scheibchen hat einen Durchmesser von 2,5 Bogensekunden und kann als solches mit einem Fernrohr von wenigstens 12–15 cm Öffnung und einer 300- bis 500fachen Vergrößerung gesehen werden. Die beiden Neptunsatelliten sind wieder für Liebhaberinstrumente unzugänglich.

Pluto

Die Helligkeit des äußersten Planeten Pluto ist wegen seiner stark exzentrischen Bahn stark veränderlich. Aber selbst in einer günstigen Perihelopposition erreicht Pluto nur etwa 14^m. Solche Oppositionen finden übrigens in den kommenden Jahren statt, da Pluto sein Perihel im Jahre 1989 durchläuft. Aber auch dann wird seine Helligkeit zu einer visuellen Beobachtung mit kleineren Amateurfernrohren nicht ausreichen.

Die Beobachtung von Kometen und Sternschnuppen

Kometen

Zu den Höhepunkten amateurastronomischer Beobachtungen zählt das Auftauchen eines Kometen. Während mit bloßem Auge nur sehr selten, durchschnittlich alle 5—10 Jahre, ein einigermaßen heller Komet beobachtet werden kann, läßt sich mit Feldstechern und kleinen Fernrohren nahezu in jedem Jahr wenigstens ein Objekt verfolgen. Von den periodischen Kometen, die in einer langgestreckten Ellipsenbahn die Sonne umkreisen, gibt es allerdings nur sehr wenige, die für den Amateur in Betracht kommen. Viele sind so lichtschwach, daß sie nur mit größeren Instrumenten verfolgt werden können. Eine Ausnahme bildet der Halley'sche Komet, der wieder im Jahre 1986 in Sonnennähe gelangt, sowie gelegentlich der Encke'sche Komet, der bei einer Umlaufszeit von 3,3 Jahren auch immer wieder einmal mit kleinen Fernrohren oder Feldstechern beobachtet werden kann. Der Encke'sche Komet durchläuft Anfang 1984 das Perihel (Sonnennähe) seiner Bahn und dann wieder jeweils in Abständen von etwa 3 Jahren 4 Monaten. 1980 wurde er schon zum 52. Mal beobachtet. Doch kann der Encke'sche Komet nicht bei jeder Wiederkehr in die Sonnennähe auch günstig von Mitteleuropa aus beobachtet werden. Teilweise steht er zu weit südlich, teilweise im hellen Strahlenbereich der Sonne.

Über die Sichtbarkeitsbedingungen der periodischen Kometen orientieren einige astronomische Jahrbücher, während man das Auftauchen neuer Kometen (und unter ihnen befinden sich meist gerade die helleren Erscheinungen) nur über die astronomischen Nachrichtendienste erfahren kann. Dabei empfiehlt sich vor allem der größeren Schnelligkeit wegen ein Abonnement der Zirkulare (Rundschreiben) der Inter-

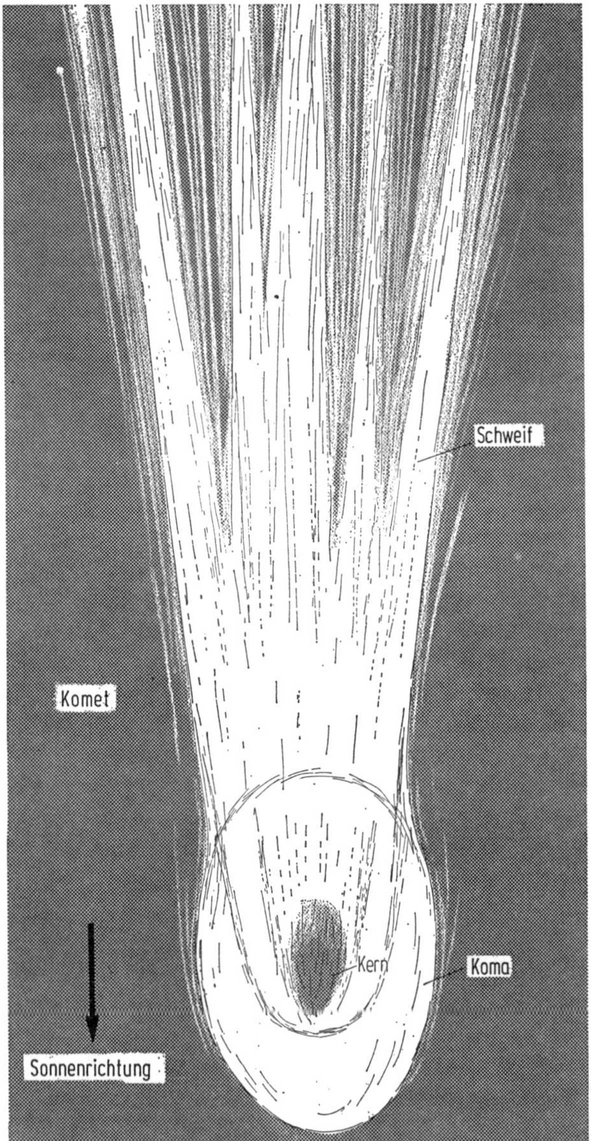

Bild 34. Der typische Aufbau eines Kometen

nationalen Astronomischen Union. Diese IAU-Zirkulare können gegen eine entsprechende Gebühr, die von der Zahl der erscheinenden Mitteilungen abhängig ist, vom Smithsonian Astrophysical Observatory, Cambridge, Mass. 02138, USA, bezogen werden. Auch verschiedene astronomische Zeitschriften bringen Hinweise auf neue Kometen, die allerdings – bedingt durch die Erscheinungsweise von Zeitschriften – häufig zu spät kommen. Notfalls gibt die nächstgelegene Volkssternwarte Auskunft.

Grundsätzlich wäre es natürlich möglich, daß auch ein Amateur einen Kometen neu entdeckt. Doch sollte man sich in diesem Punkt vor allem bei unserem mitteleuropäischen Klima keinen Illusionen hingeben. Die Erfahrungen der letzten Jahre zeigen nämlich, daß es mehrerer hundert Beobachtungsstunden bedarf, bis ein Komet entdeckt wird. Und dabei muß man immer noch in Kauf nehmen, daß vielleicht ein unter günstigeren atmosphärischen Bedingungen arbeitender Amateur dem mitteleuropäischen „Kollegen" um einige Tage voraus ist – ganz zu schweigen von den großen fotografischen Teleskopen der Fachsternwarten, mit denen in der Regel neue Kometen heute entdeckt werden. Die „Jagd auf Kometen" kann daher trotz einiger spektakulärer Erfolge, die in den letzten Jahren vor allem japanische Liebhaberastronomen erzielt haben, dem Mitteleuropäer nicht als ein verlockendes Ziel amateurastronomischer Tätigkeit empfohlen werden.

Wenden wir uns daher lieber der Beobachtung bereits entdeckter Kometen zu. Die Mindesthelligkeit, die ein Komet haben muß, um mit einem Fernrohr bestimmter Öffnung gerade noch gesehen werden zu können, liegt deutlich über den Werten für die Aufsuchung von Sternen. Das ist durch das verwaschene Aussehen der Kometen bedingt, die sich gegen den hellen Himmelsuntergrund vor allem in der Nachbarschaft von Großstädten nur schwer abzuheben pflegen. So konnte beispielsweise der Komet Kohoutek (1973 f) trotz einer Gesamthelligkeit von etwa 3^m Anfang Januar 1974 mit bloßem Auge praktisch überhaupt nicht aufgefunden werden, obwohl die Grenzhelligkeit für die Beobachtung mit freiem Auge bei 6^m, also 3 Größenklassen tiefer liegt. Tatsächlich wird man davon ausgehen müssen, daß ein Komet erst dann sichtbar wird, wenn er mindestens 3 bis 4 Größenklassen über der theoretischen Grenzhelligkeit des betreffenden Instrumentes liegt. Ein durchschnittlicher Feldstecher (z. B. 8×50) wird vielleicht

noch bis zur 6. oder 7. Größenklasse kommen, auch ein zweizölliges Instrument (5 bis 6 cm Öffnung) kommt nicht sehr viel tiefer, während ein 10 cm-Instrument noch Kometen der 8. oder 9. Größenklasse erfassen dürfte. Natürlich können dies nur grobe Anhaltspunkte sein. Unter sehr günstigen Beobachtungsverhältnissen wird man vielleicht ein oder zwei Größenklassen tiefer kommen, während in Großstädten noch weitere Abstriche gemacht werden müssen.
Da Positionsbestimmungen an Kometen mit einfacheren Liebhabermitteln heute nicht mehr genau genug sind, wird man sich vor allem auf physische Beobachtungen beschränken. Es sei dabei zunächst darauf hingewiesen, daß schwächere Kometen, die noch weiter von der Sonne entfernt sind (außerhalb der Marsbahn), meist keinen Schweif zeigen. Sie zeigen sich im Fernrohr als schwache, verwaschene Nebelflecke (Koma), gelegentlich mit einer sternartigen Verdichtung (Kometenkern).
Erst bei größerer Annäherung an die Sonne entwickelt sich der Schweif des Kometen, der in der Regel stets von der Sonne abgewandt ist. Man fertigt am Fernrohr einfache Zeichnungen des Kometen an, notiert, ob er einen sternartigen Kern zeigt oder nicht, wie deutlich der Schweif ist, in welche Richtung er zeigt (Positionswinkel angeben von N über O, S und W zurück nach N von 0° bis 360°), wie lang der Schweif ist (in Winkelgrad, wobei der Vollmonddurchmesser von einem halben Grad als Vergleich herangezogen werden kann) und ob der Schweif irgendwelche Auffächerungen, Krümmungen usw. zeigt.
Besonders wichtig sind Helligkeitsschätzungen nach den bekannten Methoden für die Beobachtung Veränderlicher Sterne (s. S. 129). Dabei macht allerdings meist der Vergleich des verwaschenen Kometenbildes mit den punktförmig erscheinenden Sternen Schwierigkeiten. Viele Beobachter empfehlen daher, das Fernrohr absichtlich unscharf (extrafokal) einzustellen, so daß auch die Sterne, die zum Helligkeitsvergleich herangezogen werden, verwaschen erscheinen. Bei der Aufzeichnung der Beobachtungen ist jedoch genau zu vermerken, ob man extrafokal oder nach Scharfeinstellung des Fernrohrs die Schätzungen vorgenommen hat.
Gewarnt sei auch vor hohen Vergrößerungen bei Kometenbeobachtungen. Das Kometenbild wird nur noch verwaschener und unschärfer. Außerdem ist bei starken Vergrößerungen das Gesichtsfeld so eng,

daß man den Schweifansatz und erst recht den weiteren Verlauf des Schweifes nicht mehr beobachten kann. Das ist auch der Grund, weshalb zur Aufsuchung und Beobachtung von Kometen lichtstarke Feldstecher häufig besser sind als langbrennweitige Linsen- oder Spiegelfernrohre. Früher gab es die sogenannten Kometensucher. Das waren extrem kurzbrennweitige Linsenfernrohre. Heute stehen uns lichtstarke Feldstecher oder Doppelgläser zur Verfügung, möglichst mit einem Objektivdurchmesser über 50 mm. Solche Instrumente eignen sich ganz hervorragend zur Kometenbeobachtung. Bei Fernrohrbeobachtungen sollte man darauf achten, daß man kein Okular heranzieht, dessen wahres Gesichtsfeld wesentlich kleiner als 1,5° oder 3 Vollmondscheiben ist. Wenn irgendwie möglich, sollte man sich also ein extrem langbrennweitiges Okular für diese Beobachtungen zulegen, das beispielsweise bei Instrumenten bis zu 10 cm Öffnung nur eine maximal 20fache Vergrößerung erlaubt. Selbst bei Fernrohren von 20 cm Öffnung sollte man nicht über eine 40fache Vergrößerung hinausgehen.
Die in den astronomischen Zirkularen oder Zeitschriften vorausberechneten Helligkeiten eines Kometen dürfen nur als ein grober Anhaltspunkt gewertet werden. Vor allem bei neuentdeckten Kometen, deren physikalische Eigentümlichkeiten noch unbekannt sind, können Helligkeitsprognosen sehr danebengehen. Ein Beispiel dafür aus den letzten Jahren ist der Fall des bereits erwähnten Kometen Kohoutek (1973 f) im Winter 1973/74. Er hätte nach den Vorausberechnungen der meisten Astronomen mehrere Größenklassen heller sein müssen, als er sich dann später tatsächlich entwickelte. Bei vielen Ephemeriden werden daher Kometenhelligkeiten unter verschiedenen Annahmen durchgerechnet, optimistischer oder pessimistischer. Aber selbst bei einer pessimistischen Prognose können die tatsächlichen Helligkeitswerte noch weit darunterliegen.

Sternschnuppen

Auch die Beobachtung von Sternschnuppen (Meteore) ist ein für den Amateur interessantes Aufgabengebiet. Die Häufigkeit von Meteoren ist übrigens keineswegs so gering, wie oft angenommen wird. Verbringen wir mehrere Stunden unter freiem Himmel, so werden wir durch-

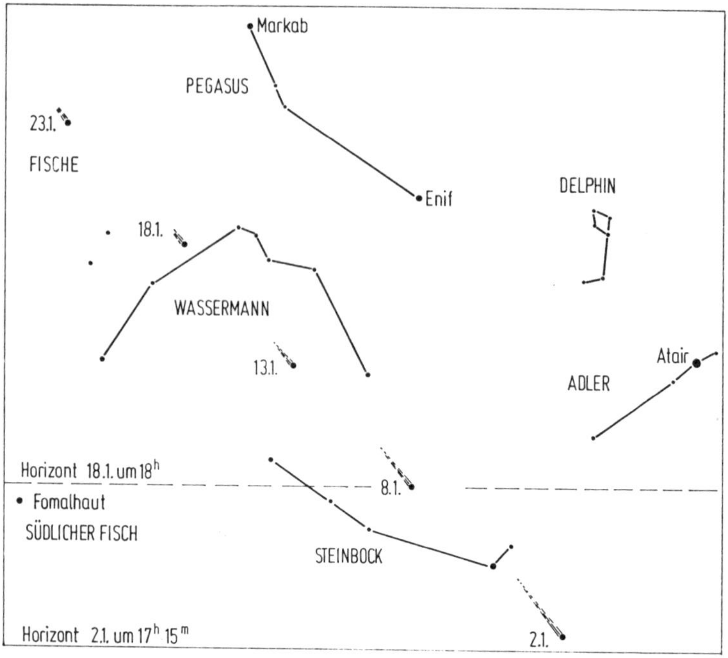

Bild 35. Typische Abendsichtbarkeit eines mittelhellen Kometen. So konnte der Komet Kohoutek (1973 f) Anfang Januar 1974 am westlichen bis südwestlichen Abendhimmel beobachtet werden. Seine Helligkeit reichte meist allerdings nur aus, um ihn mit kleinen Instrumenten beobachten zu können

aus die eine oder andere Sternschnuppe erblicken können, ganz zu schweigen von den Zeiten der verstärkten Tätigkeit während eines Meteorstroms. Die Häufigkeit der Sternschnuppen zeigt übrigens einen tagesperiodischen Gang. Er erklärt sich daraus, daß wir besonders viele Sternschnuppen beobachten können, wenn wir uns auf der in Fahrtrichtung gesehenen „vorderen Seite" der Erde befinden: Dies ist in den frühen Morgenstunden gegen 6 Uhr der Fall, während wir uns in den frühen Abendstunden (18 Uhr) auf der „Rückseite der Erde" befinden, so daß die Zahl der Sternschnuppen dann ein Minimum sein muß. Tatsächlich zeigen langfristige Beobachtungen, daß die stündliche Anzahl von Meteoren gegen Morgen etwa 3- bis 4mal höher liegen kann als in den frühen Abendstunden. Während man zwischen 17 und 21 Uhr nur etwa 4 bis 7 Meteore pro Stunde beobachtet, sind es zwischen 3 und 6 Uhr ungefähr 12 bis 20 Objekte pro Stunde.

Die Hauptaufgabe eines Meteorbeobachters wird es sein, den Zeitpunkt des Auftretens eines Meteors zumindest auf die Minute genau festzulegen. Sind gleichzeitige Beobachtungen mit anderen Beobachtungsstationen und befreundeten Amateuren vorgesehen, sollte man zu Vergleichszwecken jedoch den Zeitpunkt auf etwa 1 Sekunde genau notieren. Dazu bedienen wir uns etwa des Verfahrens, das wir bei der Beobachtung von Sternbedeckungen (s. S. 64 f.) beschrieben haben.

Während die Festlegung des Zeitpunkts der Erscheinung noch einigermaßen leicht durchzuführen ist, sind andere Angaben nur mit einer mehr oder weniger großen Genauigkeit erhältlich. Dazu gehört das

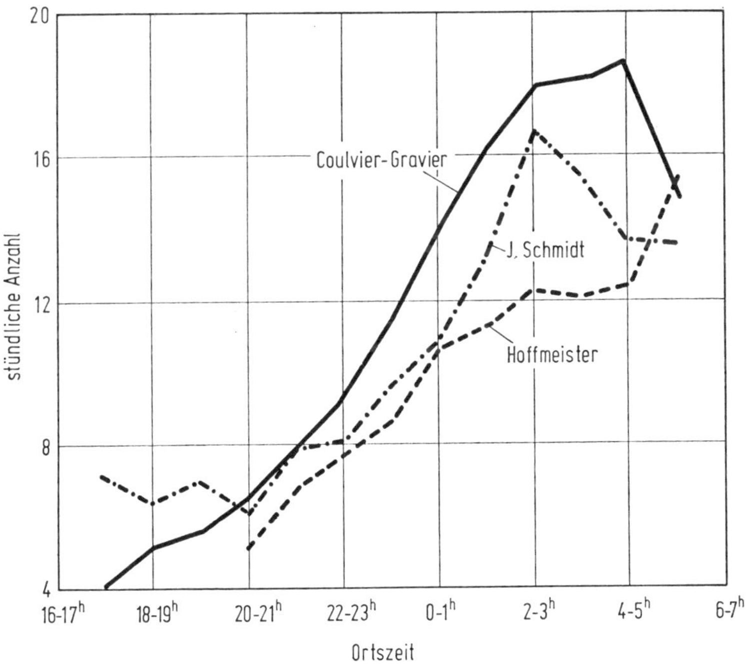

Bild 36. So verändert sich die stündliche Anzahl der Meteorhäufigkeit während der Nacht nach verschiedenen Beobachtern

Abschätzen der Dauer der Erscheinung. Der geübte Beobachter wird diese möglichst in Zehntelsekunden anzugeben versuchen. Im allgemeinen haben Meteore eine Dauer zwischen 0,1 und 0,8 Sekunden. Nur in selteneren Fällen kann sie auch mehrere Sekunden, gelegentlich bis zu etwa 15 Sekunden, betragen. Weiterhin sollte die Helligkeit des Meteors in Größenklassen angegeben werden. Angaben über mögliche Helligkeitsveränderungen während des Fluges sind ebenso erwünscht wie Mitteilungen über das eventuelle Auftauchen eines leuchtenden Schweifes, dessen Sichtbarkeitsdauer und allmähliches Abklingen. Auch die Farbe der Meteore sollte angegeben werden. Bei größeren Meteorerscheinungen können im Anschluß daran auch akustische Effekte (donnerartige Geräusche usw.) auftreten. Ähnlich wie wir es bei der Beobachtung eines Gewitters tun, sollte der Zeitabstand zwischen der optischen und akustischen Erscheinung abgeschätzt werden.

Am schwierigsten ist die möglichst genaue Festlegung der Flugbahn des Meteors. Der Anfänger wird beim Auftauchen der Erscheinung so überrascht sein, daß er die Flugbahn nur relativ ungenau angeben kann. Aber auch hier wird man durch allmähliche Erfahrungen lernen. Unabdingbare Voraussetzung ist eine genaue Kenntnis des Sternbilderhimmels. Dadurch ist es möglich, den Anfangs- und Endpunkt der Flugbahn durch nahe gelegene einigermaßen helle Fixsterne festzulegen. Er wird also beispielsweise im Beobachtungsbuch vermerken, daß ein Meteor etwa von dem Stern ε Geminorum zu dem Stern γ Leonis zog. Dabei handelt es sich um Sterne der Zwillinge und des Löwen. Noch besser ist es, die Flugbahn eines Meteors in eine Sternkarte einzutragen. Um möglichst viele Eintragungen vornehmen zu können, fertigt man sich am besten von einem geeigneten Sternatlas Fotokopien einzelner Karten an. Sternkarten allzu großen Maßstabs und mit vielen Sternen, vor allem unterhalb der Sichtbarkeitsgrenze für das bloße Auge, sind nicht anzuraten. Geeigneter sind Sternkarten, die einen verhältnismäßig großen Teil des gesamten Himmels umfassen.

Die Festlegung der Flugbahn eines Meteors nach irdischen Objekten (Himmelsrichtung, Bäume, Häuser usw.) sollte man nur im äußersten Notfall vornehmen. Dies kann z. B. dann der Fall sein, wenn man infolge leichterer Bewölkung die Sterne praktisch nicht mehr sieht, ein sehr heller Meteor dagegen noch deutlich durch die Bewölkung durchscheint. Auch bei Tage ist dieses Verfahren anzuraten.

Bild 37. Der Radiant des Meteorstroms der Perseiden, der alljährlich im August auftaucht, liegt im nördlichen Teil des Sternbilds Perseus. Von diesem Punkt aus scheinen die Perseiden-Meteore wegzuströmen

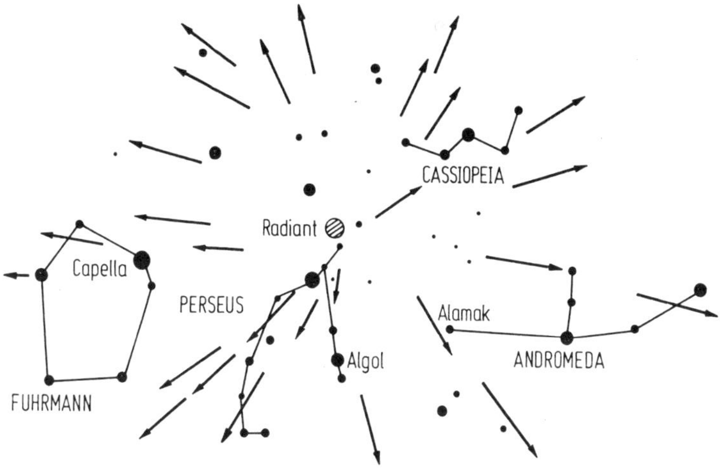

Neben der Beobachtung einzelner Meteore und deren Häufigkeit bieten sich die Meteorströme zur Beobachtung an, zumal ihre Ergiebigkeit von Jahr zu Jahr durchaus wechseln kann. Unsere Tabelle auf Seite 104 stellt die wichtigsten alljährlich wiederkehrenden Meteorströme zusammen.

Die Lage des Ausstrahlungspunktes, fachsprachlich Radiant genannt, eines Meteorstroms kann übrigens auch mit den Mitteln des Amateurs bestimmt werden. Dazu werden in eine Sternkarte mehrere aufgetretene Meteore eingezeichnet. Die nach rückwärts verlängerten Meteorbahnen weisen dann auf den Radianten hin. Die Lage des Radianten ändert sich während des Tätigkeitszeitraums eines Meteorstroms. So befindet sich beispielsweise bei den Perseiden der Radiant am 24. Juli noch etwa zwischen dem Stern Alamak (in der Andromeda) und der Cassiopeia. Er bewegt sich erst im Laufe der folgenden Wochen in das nördliche Gebiet des Perseus.

Einige Meteorströme zeigen von Jahr zu Jahr sehr starke Unregelmäßigkeiten. Die Draconiden, die auf den Kometen Giacobini-Zinner zurückgehen, zeigen in der Regel in Abständen von 6 bis 7 Jahren ein

Tabelle: Die wichtigsten Meteorströme

Bezeichnung	Lage des Radianten	Zeitraum	Maximum	stündl. Anzahl	mittl. geozentr. Geschw. km/sec	Herkunft
Quadrantiden	Bootes	1. 1. — 4. 1.	3. 1.	145	42,7	planetarisch
Hydraiden	Wasserschlange	12. 3. — 5. 4.	25. 3.	15		ekliptikal
Virginiden	Jungfrau	1. 3. — 10. 5.	3. 4.	20	30,8	ekliptikal
Lyriden	Leier	12. 4. — 24. 4.	22. 4.	40	48,4	Komet 1861 I
η Aquariden	Wassermann	29. 4. — 21. 5.	5. 5.	120	64	Komet Halley
Scorpius-Sagittariiden	Skorpion-Schütze	20. 4. — 30. 7.	14. 6.	20		ekliptikal
δ Aquariden	Wassermann	25. 7. — 10. 8.	3. 8.	40	30	ekliptikal
Perseiden	Perseus	20. 7. — 19. 8.	11. 8.	300	60,4	Komet 1862 III
Cygniden	Schwan	25. 7. — 8. 9.	16. 8.	15	26,6	planetarisch
Cepheiden	Kepheus	18. 8.	18. 8.	10		planetarisch
Pisciden	Fische	16. 8. — 8. 10.	12. 9.	15		ekliptikal
Draconiden	Drache	8. 10. — 10. 10.	9. 10.	var.	23,1	Komet Giacobini-Zinner
Orioniden	Orion	11. 10. — 30. 10.	19. 10.	50	66,5	Komet Halley
Tauriden	Stier	24. 9. — 10. 12.	13. 11.	25	31	Komet Encke?
Leoniden	Löwe	14. 11. — 20. 11.	17. 11.	var.	72,0	Komet 1866 I
Geminiden	Zwillinge	5. 12. — 19. 12.	12. 12.	50	36,5	ekliptikal
Ursiden	Kl. Bär	17. 12. — 24. 12.	22. 12.	10	35,2	Komet Tuttle?
Velaiden	Segel	5. 12. — 7. 1.	29. 12.	12		planetarisch

starkes Maximum, was auf die gleichlange Umlaufszeit des Kometen um unsere Sonne zurückgeführt werden muß. Besonders ergiebig waren die Draconiden in den Jahren 1933, 1946 und 1972. Die Leoniden zeigten starke Ströme 1799, 1833 und 1866. Die Umlaufszeit des Erzeugerkometen Tempel-Tuttle (1866 I) um die Sonne beläuft sich auf 33,18 Jahre. Wegen einer Störung des Stroms durch die Planeten Jupiter und Saturn kam es aber 1899 und 1933 nicht mehr zu starken Strömen. Erst am 17. November 1966, nach einer neuerlichen Störung des Stroms, geriet die Erde wieder in die dichtesten Teile dieses Schwarms. Im Maximum konnten damals über 2000 Meteore pro Minute beobachtet werden.

Die Fixsterne

Die Orientierung am Fixsternhimmel ist nur für den Anfänger verwirrend. Einfache Aufsuchungskarten, wie sie sich beispielsweise in dem KOSMOS-Naturführer „Welcher Stern ist das?“ oder im „dtv-Atlas zur Astronomie“ finden, oder drehbare Sternkarten zeigen die Abschnitte des Sternhimmels für verschiedene Beobachtungszeiten. Danach gelingt bereits eine erste Orientierung. Am besten fängt man mit den Sternbildern an, die sich in der Nachbarschaft des nördlichen Himmelspols und des Polarsterns befinden. Diese sogenannten Zirkumpolarsternbilder sind bekanntlich ganzjährig zu beobachten, da sie nicht unter den Horizont hinabtauchen. Für die geographische Breite Mitteleuropas zählen zu den Zirkumpolarsternbildern der Große und Kleine Bär, Kassiopeia, Kepheus, Drache, Giraffe sowie teilweise auch Perseus und Fuhrmann.
Die übrigen Sternbilder teilt man oft in jahreszeitliche Gruppen ein. Man spricht von Frühlings-, Sommer-, Herbst- und Wintersternbildern, wobei es allerdings durchaus auch Überschneidungen gibt. Nachdem wir uns zunächst mit den oben erwähnten Hilfsmitteln grob am Himmel orientiert haben, studieren wir die schwächeren Sterne, wobei wir auch bereits ein kleines Instrument heranziehen können. Ganz besonders eignet sich für ein solches Orientierungsstudium ein Feldstecher. Hinzu kommt ein Sternatlas, der zunächst wenigstens alle Sterne zeigen sollte, die unter günstigen Voraussetzungen mit bloßem Auge zu sehen sind (also bis zur 6. Größenklasse). Später sollte man sich einen weiteren Sternatlas zulegen, der noch schwächere Sterne enthält, wie beispielsweise der „Atlas Coeli“ von A. Bečvar.
Der Anfänger am Fernrohr sollte sich nicht scheuen, zunächst einmal einfach den einen oder anderen Stern, den er auf seiner Sternkarte

oder im Sternatlas findet, aufzusuchen, indem er am besten von den hellen Hauptsternen ausgeht. Dabei erhält er ein Gefühl für die Proportionen der Sternfelder in seinem Fernrohr bei den verschiedensten Vergrößerungen. Erst später sollte er sich an die Aufsuchung etwas schwierigerer Objekte, wie schwache Sternhaufen, Nebel usw., heranwagen.

Auch die Bezeichnungsweise der Sterne auf den Karten und in Sternkatalogen will gelernt sein. Bekanntlich tragen die 88 Sternbilder des nördlichen und südlichen Himmels durchweg lateinische Namen, z. B. virgo für Jungfrau, aquila für Adler usw. Die helleren Sterne innerhalb eines Sternbildes werden nun mit griechischen Buchstaben bezeichnet. Diese Praxis geht auf den Augsburger Rechtsanwalt J. Bayer zurück, der dieses Verfahren erstmals in seiner „Uranometria" im Jahre 1603 anwandte. Es besitzt bis zum heutigen Tage Gültigkeit. Im allgemeinen kann man davon ausgehen, daß die Reihenfolge der griechischen Buchstaben, also α, β, γ, δ usw. auch die Helligkeitsabstufung der einzelnen Sterne in dem jeweiligen Sternbild ungefähr widerspiegelt. In einzelnen Fällen bestehen aber erhebliche Abweichungen, z. B. im Großen Bären.

Manche Sterne besitzen auch noch besondere Namen, die auf die griechische, römische, altarabische usw. Sternbilderkunde zurückgehen. So heißt beispielsweise der Hauptstern des Löwen (lat. leo) Regulus, was aus dem Lateinischen übersetzt „kleiner König" heißt. Gleichzeitig wird dieser Stern aber auch als α Leonis bezeichnet. An den griechischen Buchstaben wird also der Genitiv des lateinischen Sternbildnamens angehängt.

Natürlich reicht vor allem in größeren Sternbildern das griechische Alphabet längst nicht für alle Sterne. Häufig findet man deswegen in Sternkarten und -atlanten auch Buchstaben und Zahlen. Diese Erweiterungen gehen auf den englischen Astronomen J. Flamsteed (1646–1719) zurück. So finden wir beispielsweise Bezeichnungen wie h Leonis oder 49 Virginis für zwei etwas schwächere, aber gerade noch mit bloßem Auge sichtbare Sterne im Löwen bzw. in der Jungfrau.

Nicht selten finden wir für schwache Sterne auch Katalogbezeichnungen. Am bekanntesten ist dabei die im vergangenen Jahrhundert von dem Bonner Astronomen F. W. Argelander begründete „Bonner Durchmusterung". Die Bezeichnung BD $+55°139$ weist auf einen Stern in diesem Katalog hin, der sich im Deklinationsstreifen $+55°$ befindet. Innerhalb dieses Streifens ist es die Nummer 139. Dieser Stern ist identisch mit α Cassiopeiae oder Shedir, ein Stern, der mit der Helligkeit $2{,}2^m$ sogar sehr gut mit bloßem Auge gesehen werden kann. Daneben gibt es noch viele andere Katalogbezeichnungen, mit denen aber der Amateurastronom nur seltener Bekanntschaft schließen wird, z. B. Groombridge 1830, Wolf 359, HD 161817 usw.

Die Sternhaufen und Nebel finden wir meistens in zwei anderen Katalogen zusammengefaßt. Zunächst wäre der von Charles Messier bereits im 18. Jahrhundert geschaffene Messier-Katalog zu erwähnen. So ist z. B. M 31 der berühmte Andromedanebel. Der Katalog umfaßt nur wenig über hundert Objekte. Umfassender ist der „New General Catalogue", der im 19. Jahrhundert aufgestellt wurde. Dieser „Neue General-Katalog" umfaßt mehrere tausend Objekte. Der Andromedanebel hat in diesem Katalog die Bezeichnung NGC 224.

Die scheinbaren Helligkeiten der Sterne werden in sogenannten Größenklassen (lat. magnitudo = Größe) angegeben. Bereits der griechische Astronom Hipparch hatte vor rund 2000 Jahren eine grobe Einteilung eingeführt, die 6 Größenklassen umfaßte. Sterne der 1. Größe sollten die hellsten, Sterne der 6. Größe die schwächsten Sterne sein, die man gerade noch mit bloßem Auge sehen kann. Wir bezeichneten diese Sterne auch mit 1^m, 2^m, . . ., 6^m. Später mußte man den Intensitätsunterschied zwischen zwei Größenklassen physikalisch genauer definieren. Die Differenz zwischen zwei aufeinanderfolgenden Größenklassen beträgt genau $10^{0,4} = 2{,}512$. Ein Stern 1^m ist also 2,512mal heller als ein Stern 2^m und $2{,}512 \times 2{,}512$mal heller als ein Stern 3^m usw. Einem Unterschied von 5 Größenklassen entspricht gerade ein Intensitätsverhältnis von 1 : 100.

Um besonders helle Objekte in dieser Skala noch unterbringen zu können, führte man zusätzlich die Größenklassen 0^m, -1^m, -2^m usw. ein. So kann Venus beispielsweise $-4{,}4^m$ erreichen, während die Sonne immerhin $-26{,}86^m$ aufweist. Über die 6. Größenklasse hinaus wird diese Skala für teleskopische Sterne erweitert. Die größten Spiegelteleskope kommen unter Zuhilfenahme der Fotografie heute bis zur 23. oder 24. Größenklasse. Die sogenannten Grenzgrößen kleinerer Fernrohre finden wir auf Seite 26.

Zur Kennzeichnung feinerer Unterschiede werden auch die scheinbaren

Helligkeiten in Bruchteilen der Größenklassen angegeben. Aber selbst mit modernen fotoelektrischen Meßmethoden erreicht man keine größere Genauigkeit als etwa $^1/_{100}$ Größenklasse. Die Ursache hierfür ist vor allem unsere Erdatmosphäre (Extinktion, Luftunruhe usw.). Als

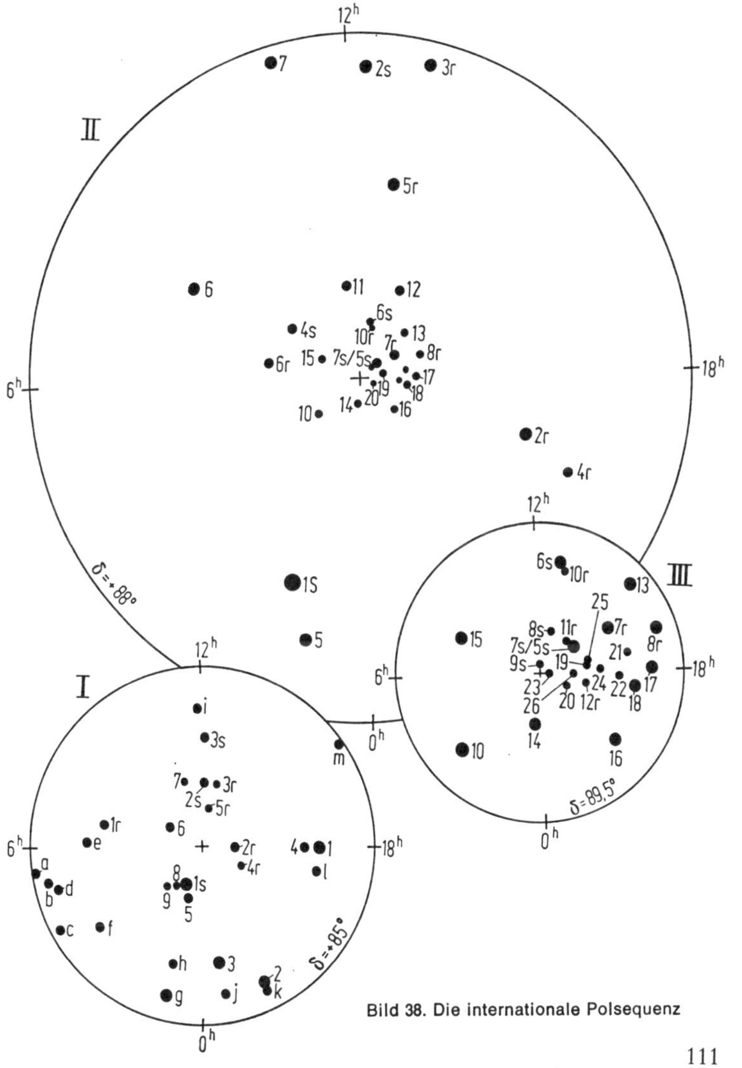

Bild 38. Die internationale Polsequenz

eine Art Eichpunkt für die Größenklassenskala galt früher der Polarstern mit $2{,}12^m$. Allerdings stellte sich später heraus, daß er ein Veränderlicher Stern ist. Zwar schwankt seine Helligkeit um nur 0,1 Größenklassen, was aber ausreicht, um ihn als Eichpunkt auszuscheiden. Statt dessen gibt es seit 1922 in der Nachbarschaft des Polarsterns die sog. „Internationale Polsequenz" (IPS). Sie enthält zahlreiche Sterne bis etwa zur 17. Größenklasse, deren Helligkeiten außerordentlich genau bestimmt worden sind. Unsere Abbildung führt diese Internationale Polsequenz vor. Die Helligkeiten sind in der Tabelle enthalten. Der Stern 1 s ist der Polarstern. Zu beachten ist noch, daß die Tabelle die fotovisuellen Helligkeiten angibt. Es handelt sich dabei um fotografisch bestimmte Helligkeiten, die dadurch erhalten wurden, daß die Farbempfindlichkeit einer Fotoplatte durch das Vorschalten von Gelbfiltern an die Empfindlichkeit des Auges einigermaßen angeglichen wurde. Gelegentlich spricht man auch von „Gelbhelligkeiten". Die Abkürzung dafür ist m_{pv}.

Tabelle: Die Sterne der internationalen Polsequenz (IPS)

Stern	m_{pv}	Stern	m_{pv}	Stern	m_{pv}	Stern	m_{pv}
	m		m		m		m
1s	2.08	4r	8.27	10r	12.03	28	14.54
1	4.37	11	9.56	7s	12.04	10s	14.52
2	5.28	12	9.77	19	12.24	11s	14.35
3	5.56	5r	8.63	20	12.52	12s	14.67
4	5.84	4s	9.83	11r	12.07	13s	14.54
5	6.45	6r	9.24	21	12.49	29	15.21
2s	6.30	13	10.37	22	12.84	14s	15.05
1r	5.09	7r	9.87	23	13.00	30	15.44
3s	6.35	14	10.56	12r	12.47	31	15.62
6	7.06	5s	10.06	24	13.31	15s	15.71
7	7.55	15	10.88	25	13.58	32	15.58
2r	6.32	6s	10.72	8s	13.77	16s	15.50
8	8.13	8r	10.46	26	13.69	33	15.97
9	8.83	16	11.22	9s	13.74	34	16.29
3r	7.57	17	11.30	27	14.25	35	16.94
10	9.06	18	11.90				

Wie man mit einfachen Methoden Sternhelligkeiten bestimmt, wird im Zusammenhang mit der Besprechung der Veränderlichen Sterne erörtert werden. An dieser Stelle soll noch auf die unterschiedliche Farbe der Sterne eingegangen werden. Bereits mit bloßem Auge erkennen wir deutlich bei den helleren Sternen verschiedene Färbungen. So erscheinen beispielsweise Wega in der Leier, Spika in der Jungfrau und Rigel im Orion weiß. Ein gelber Stern ist Kapella im Fuhrmann, während Antares im Skorpion, Beteigeuze im Orion und Aldebaran im Stier rötlich erscheinen.
Die genauere Schätzung der Farben von Sternen kann für den Anfänger eine gute Beobachtungsschulung sein. Andererseits machen ihn solche Beobachtungen mit einigen physikalischen Eigentümlichkeiten der Sterne vertraut.
Zu Farbenschätzungen an Sternen wird gerne die Farbskala nach Osthoff benutzt. Diese Skala, die in ihren Grundzügen bereits auf den Astronomen J. F. J. Schmidt (1825–1884) zurückgeht, wurde später von H. Osthoff ergänzt und erweitert.

Osthoff'sche Farbskala

0^c	weiß	6	rötlichgelb (gelb überwiegt)
1	gelblichweiß	7	rotgelb zu gleichen Teilen
2	weißgelb zu gleichen Teilen	8	gelblichrot (rot überwiegt)
3	hell- oder blaßgelb	9	rot mit geringer Spur gelb
4	reingelb	10	rot
5	dunkelgelb		

Gelegentlich wird diese Skala noch für bläuliche Farbtöne zur negativen Seite hin erweitert, also -1^c und -2^c. Das c bedeutet color (lat. Farbe). Die letzten Klassen dieser Farbskala, also 9^c und 10^c, kommen allerdings nur sehr selten vor.
Auch die vom Astrophysikalischen Observatorium Potsdam vor längerer Zeit eingeführte Farbskala ist manchmal in Gebrauch. In ihr bedeutet W = weiß, G = gelb, R = rot. Die Potsdamer Skala umfaßt 19 Klassen. Die Tabelle auf Seite 114 stellt zu den 19 Klassen die entsprechenden Werte der Osthoff'schen Skala.
Natürlich kann man bei Sternen, die an der Sichtbarkeitsgrenze liegen,

Tabelle: Beziehung der Potsdamer Skala zur Osthoff'schen Skala

Potsdamer Skala:	W	W+	GW–	GW	GW+	WG–	WG	WG+
Osthoff'sche Skala:	2,5^c	2,8^c	3,2^c	3,6^c	4,1^c	4,6^c	5,2^c	5,6^c
Potsdamer Skala:	G–	G	G+	RG–	RG	RG+	GR–	GR
Osthoff'sche Skala:	6,0^c	6,4^c	6,6^c	6,8^c	7,0^c	7,3^c	7,8^c	8,3^c
Potsdamer Skala:	GR+	R–	R					
Osthoff'sche Skala:	8,8^c	9,3^c	10,0^c					

Bild 39. Beispiel einer Beobachtungsreihe an den Farben von Fixsternen von J. Herrmann

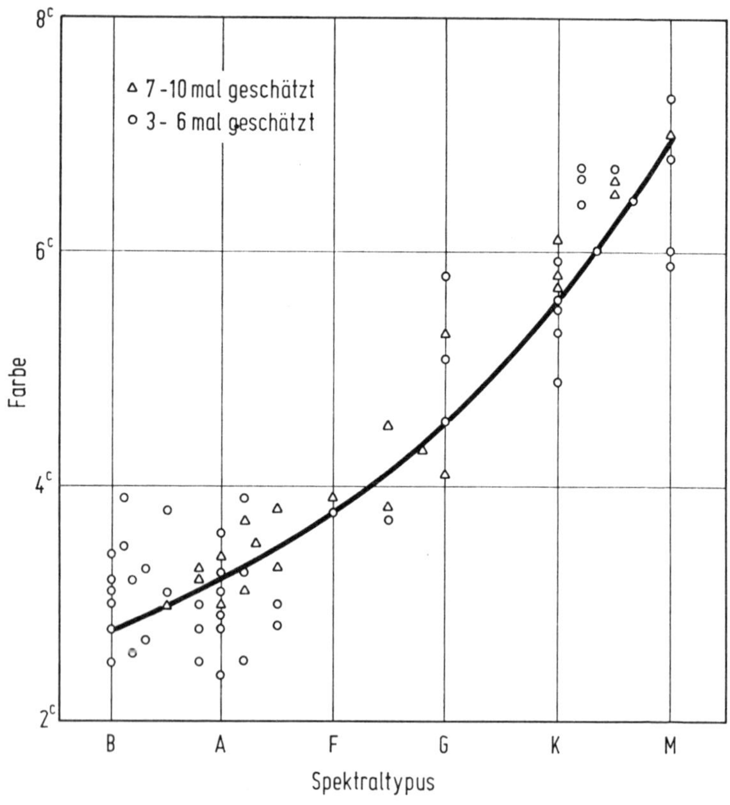

keine Farben erkennen. Sie erscheinen einfach „grau“. In der Regel wird man mit dem bloßen Auge bis etwa $3{,}5^m$, mit einem Opernglas bis etwa $4{,}5^m$, mit einem Fernrohr von 5 cm Öffnung bis etwa $6{,}5^m$ und mit einem Instrument mit 10 cm Öffnung bis zur 8. Größenklasse kommen. Sterne, die eine geringere Höhe als 15° bis 20° über dem Horizont haben, sollte man von den Beobachtungen ausschließen, da in diesem Fall die Rotverfärbung zu stark ist. Innerhalb und am Rande von Industriegebieten und Großstädten sollte man sogar auf Beobachtungen an Sternen unter 25° Höhe verzichten. Auch Nächte, in denen eine starke Luftunruhe zu bemerken ist (festzustellen am starken Flackern, „Szintillieren“ der Sterne), sollte man ausscheiden, da mit den atmosphärisch bedingten raschen Helligkeitsschwankungen der Sterne auch schnelle Farbveränderungen verbunden sind. Im übrigen sollte man einen Stern mehrere Minuten ruhig betrachten, bis man sich ein sicheres Urteil über seine Farbe gemacht hat.

Beschränkt man sich auf Sterne bis zur 3. Größenklasse und beobachtet diese mit einem 5 cm-Fernrohr, so ergibt eine Einzelschätzung im Mittel eine Genauigkeit von $\pm\ 0{,}7^c$. Durch Mittelwertbildungen aus mehreren Schätzungen kann man sogar auf eine Genauigkeit von $\pm\ 0{,}3^c$ kommen.

Bekanntlich ist die Farbe eines Sterns ein Ausdruck seiner Oberflächentemperatur. Da diese wiederum eng mit dem Spektraltyp des Sterns zusammenhängt, ergibt sich folgende Beziehung:

Tabelle: Der Zusammenhang zwischen Spektraltyp, Oberflächentemperatur und Farbe bei Fixsternen

Spektraltyp	Oberflächentemperatur	Farbe
B	22 000° K	$2{,}2^c$
A	10 700	2,9
F	7 400	4,1
G	5 900 (Zwerge)	5,2
	5 200 (Riesen)	
K	4 900 (Zwerge)	6,0
	4 100 (Riesen)	
M	3 600 (Zwerge)	7,0
	3 400 (Riesen)	

Damit kann aus Farbbeobachtungen in etwa auch auf den Spektraltyp und die Oberflächentemperatur geschlossen werden. Weiterhin ergeben sich interessante Aufgaben durch Farbschätzungsprogramme an offenen Sternhaufen, Doppelsternen usw. Auch Veränderliche Sterne zeigen während ihres Lichtwechsels gelegentlich Farbveränderungen. Dies trifft insbesondere für die Cepheiden zu. So schwankt beispielsweise die Farbe des Veränderlichen δ Cephei zwischen $4{,}1^{c}$ (Maximum der Helligkeit) und $5{,}4^{c}$ (Minimum der Helligkeit). Bei η Aquilae liegen die beiden Extremwerte bei $3{,}9^{c}$ und $5{,}6^{c}$.

Ergänzend soll an dieser Stelle erwähnt werden, daß natürlich auch die Planeten Farben zeigen, die in die Osthoff'sche Skala oder Potsdamer Skala eingeordnet werden können. So ist Merkur tiefgelb. Seine Farbe liegt zwischen 5^{c} und 6^{c}. Venus wird dagegen mehr als hellgelb bezeichnet. Sie dürfte bei 3^{c} liegen. Die Farbe von Mars wird meist mit 7^{c} bis 8^{c} angegeben. Hier kommen übrigens die stärksten Schwankungen vor, da je nach den atmosphärischen Gegebenheiten auf Mars die Tiefe der rötlichen Farbe recht unterschiedlich ausfallen kann. Die Farbe des Riesenplaneten Jupiter liegt zwischen 3^{c} und 4^{c}. Im allgemeinen wird Jupiter ein wenig gelblicher geschätzt als Venus. Der Unterschied ist jedoch außerordentlich gering. Für Saturn werden Werte zwischen 4^{c} und 5^{c} angegeben. Uranus und Neptun passen in das Schema der Osthoff'schen und Potsdamer Skala nicht hinein, da sie mehr eine grünlichbläuliche Färbung zeigen.

Besonders reizvoll kann die Beobachtung der Farben von Doppelsternen sein, da der kleine Abstand der beiden Komponenten gelegentlich den vorhandenen Farbunterschied wesentlich stärker hervortreten läßt, als er tatsächlich ist. Sehr häufig ist eine gelbliche, orangerote oder rote hellere Komponente mit einem weißlichen oder bläulichweißen Begleiter verbunden; beispielsweise bei β Cygni (Albireo im Schwan) oder bei γ Andromedae (Alamak in der Andromeda). Dabei erscheint der Begleiter für viele Beobachter nahezu grünlich, besonders bei engeren Doppelsternen. Farbschätzungen an Doppelsternkomponenten nach der Osthoff'schen oder Potsdamer Skala sind also ziemlich illusorisch. Dasselbe gilt auch für den Fall, daß zwei eng benachbarte, nahezu gleich helle Komponenten eines Doppelsterns mit einem Fernrohr nicht aufgelöst werden können. Sind die Spektraltypen der beiden Partner sehr unterschiedlich, so erhalten wir eine Mischfarbe.

Im übrigen stellen aber die Doppelsterne selbst ein umfangreiches und gerade für den Amateur geeignetes Beobachtungsfeld dar. Neuere Statistiken in der Umgebung unserer Sonne haben gezeigt, daß ungefähr zwei Drittel aller Sterne einem Doppelsternsystem zugehören. Es scheint also, daß Doppelsterne häufiger sind als Einzelsterne. Daher spielen die Doppelsterne in der modernen Astrophysik und besonders in den Theorien über die Sternentstehung und Sternentwicklung eine besonders große Rolle. Die Zahl der tatsächlich feststellbaren Doppelsterne beläuft sich allerdings gemäß der inzwischen aufgestellten Doppelsternkataloge auf nur etwa 70 000. Wenn auch davon nur ein kleiner Teil mit Amateurinstrumenten getrennt werden kann, so gibt es doch eine riesige Zahl von Doppelsternen, die den Sternfreund über Jahre hinaus beschäftigen können.
Bereits auf Seite 12 wurde die Trennschärfe eines astronomischen Fernrohrs beschrieben. Sie kann gerade mit Hilfe der Doppelsterne sehr gut getestet werden. Daher sollen hier zunächst einige ausgewählte Testobjekte für Instrumente verschiedener Öffnung folgen.

Doppelsterne für Beobachtungen mit bloßem Auge

Am bekanntesten ist wohl das Paar Mizar/Alkor im Großen Bären. Es ist der mittlere Deichselstern im Großen Wagen und das daraufsitzende „Reiterlein". Mizar hat eine Helligkeit von $2{,}4^m$. Alkor ist $4{,}2^m$ hell und steht in einer Distanz von 11′50″. Dieser Doppelstern kann allerdings schon sehr einfach mit bloßem Auge getrennt werden. Ein ausgesprochenes Testobjekt ist ε Lyrae, der ein wenig östlich (links) von Wega, dem Hauptstern der Leier, steht. Die beiden Komponenten mit den Helligkeiten $4{,}5^m$ und $4{,}7^m$ stehen 208″ voneinander entfernt.

Doppelsterne für die Beobachtung mit einem Feldstecher

Ein besserer Feldstecher, z. B. 10 x 50, kann günstigstenfalls noch Sterne trennen, die eine Distanz von 20 bis 25 Bogensekunden haben. Dazu zählt beispielsweise ζ Piscium (im Sternbild Fische). Der Hauptstern hat die Helligkeit $5{,}6^m$, der Begleiter $6{,}5^m$. Die Distanz beläuft sich auf 24″. Ein weiteres Testobjekt ist ϑ Serpentis (in der Schlange).

Die Komponenten mit der Helligkeit $4{,}5^m$ und $5{,}4^m$ sind 22″ voneinander entfernt. Leichter zu trennen ist β Cygni (Albireo im Schwan). Der Hauptstern ist $3{,}2^m$ hell. Der Begleiter mit $5{,}4^m$ ist 35″ entfernt.

Doppelsterne für die Beobachtung mit einem Fernrohr von 5 bis 6 cm Öffnung

An der Grenze der Auflösbarkeit liegt beispielsweise α Herculis. Der Hauptstern ist ein Veränderlicher. Seine Helligkeit schwankt zwischen $3{,}0^m$ und $4{,}0^m$. In 4″,6 Distanz steht der Begleiter mit einer Helligkeit von $5{,}4^m$. Etwas leichter ist die Auflösung von γ Virginis (in der Jungfrau). Die beiden Komponenten haben mit $3{,}7^m$ dieselbe Helligkeit und stehen 3″,5 auseinander (1985). Sehr schwer zu trennen sind die beiden schon mit bloßem Auge auffindbaren Komponenten von ε Lyrae. Hierbei handelt es sich nämlich um einen vierfachen Stern. ε_1 Lyrae enthält zwei Komponenten $5{,}1^m$ und $6{,}1^m$ in 2″,6 Abstand, während ε_2 aus zwei Komponenten $5{,}1^m$ und $5{,}4^m$ in 2″,4 Abstand besteht. Die Auflösung in alle vier Komponenten ist ein echtes Testobjekt für die genannte Instrumentengröße.

Doppelsterne für Instrumente von etwa 8 bis 10 cm Öffnung

Besonders schwer zu trennen ist α Geminorum (Kastor in den Zwillingen). Die beiden Komponenten haben zwar immerhin noch eine Distanz von 1″,9. Da ihre Helligkeit aber $2{,}0^m$ bzw. $2{,}8^m$ beträgt, überstrahlen sich die beiden Komponenten ein wenig. Ein weiteres interessantes Testobjekt stellt μ Bootis dar. Neben dem Hauptstern mit der Helligkeit $4{,}5^m$ sehen wir zunächst einen Begleiter 7^m in 109″ Distanz. Diese Komponente kann sogar bereits mit einem Feldstecher gesehen werden. Beobachtet man die schwächere Komponente mit einem größeren Instrument von 8 bis 10 cm Öffnung, sollte man ihn wieder in zwei Komponenten mit den Helligkeiten $7{,}1^m$ und $7{,}8^m$ bei einer Distanz von 2″,2 auflösen können. Etwas leichter zu trennen ist ξ Ursae majoris (im Großen Bären). Der Hauptstern $4{,}4^m$ besitzt einen Begleiter $4{,}9^m$ in 2″ Distanz. Ähnlich ist es bei ζ Aquarii (im Wassermann). Hier haben wir zwei Komponenten mit den Helligkeiten $4{,}4^m$ und $4{,}6^m$ in 2″ Distanz.

Weitere Testobjekte wird man leicht den Objekte-Tabellen entnehmen können, die in der astronomischen Spezialliteratur zu finden sind (siehe Literaturverzeichnis am Schluß des Buches). Dabei muß aber bedacht werden, daß die theoretische Formel für das Auflösungsvermögen eines Fernrohrs nur für mittelhelle Doppelsterne gilt, deren Komponenten auch nahezu dieselbe Helligkeit aufweisen, also etwa für Sterne 5. und 6. Größenklasse. Haben die beiden Komponenten eine sehr ungleiche Helligkeit, z. B. 6^m und 9^m, so muß die gegenseitige Distanz etwa 3mal größer sein als im theoretisch günstigsten Fall. Sind die beiden Komponenten sehr ungleich hell, etwa 5^m und 10^m, wird man sogar bereits die 8fache Distanz annehmen dürfen. Ein Fernrohr von etwa 10 cm Öffnung trennt einen solchen Doppelstern erst, wenn die Distanz nahezu 10 Bogensekunden beträgt!
Bei der Beobachtung von Doppelsternen können wir, einigermaßen ruhige Nächte vorausgesetzt, bei der Wahl der Vergrößerung durchaus an die obere Grenze des Möglichen gehen. Viele Doppelstern-Tabellen bringen außer den Helligkeiten und Distanzen der beiden Komponenten auch den Positionswinkel. Er wird von Nord über Ost, Süd und West zurück nach Nord von 0° bis 360° gezählt. Ähnlich wie wir es bei der Beobachtung der Sonne und Planeten kennengelernt haben, fällt aber Norden nicht unbedingt mit „unten" im umkehrenden astronomischen Fernrohr zusammen. Um die Ost-West-Richtung im Gesichtsfeld des Fernrohrs zu bestimmen, benutzen wir einen im Okular befindlichen festen Faden, auf dem wir den Stern infolge der täglichen Bewegung „laufen lassen". Auf diese Weise ist die ungefähre Bestimmung des Positionswinkels des Begleiters gegenüber seinem Hauptstern durchführbar. Bei schwierigen Doppelsternen können wir durch Vergleich mit den in den Tabellen ausgedruckten Werten für den Positionswinkel bestimmen, ob wir tatsächlich den Doppelstern aufgelöst haben oder ob wir einer Täuschung aufgesessen sind. Aber Vorsicht: Gerade bei engen und damit schwerer trennbaren Doppelsternen kann die Umlaufszeit des Partners um seinen Hauptstern bereits so klein sein, daß innerhalb weniger Jahre der Positionswinkel starken Änderungen unterworfen ist. Der in einer Tabelle gefundene Wert für den Positionswinkel kann also veraltet sein.
Noch ein weiterer Punkt, der gelegentlich Verwirrung stiftet, sei erwähnt: In vielen Tabellenwerken, die die Helligkeiten der Sterne

angeben, findet man im Falle von Doppelsternen die Gesamthelligkeit des Systems, da man ja mit bloßem Auge nur einen einzigen Lichtpunkt wahrnimmt, während in anderen Tabellen oft die individuelle Helligkeit des Hauptsterns angegeben ist. Nehmen wir als Beispiel den bereits erwähnten Doppelstern Kastor in den Zwillingen. Während die Hauptkomponente eine Helligkeit von $2{,}0^m$ aufweist, ist der Begleiter nur $2{,}8^m$ hell. Die Gesamthelligkeit von Kastor, so wie er mit bloßem Auge oder in sehr kleinen Instrumenten erscheint, solange er also nicht in die beiden Komponenten aufgelöst werden kann, liegt natürlich über $2{,}0^m$: Eine genauere Durchrechnung zeigt, daß die Gesamthelligkeit von Kastor $1{,}6^m$ ist.
Die nachstehende Tabelle gibt die Werte an, die man bei einem gegebenen Helligkeitsunterschied der beiden Komponenten zur Helligkeit der Hauptkomponente addieren muß, um die Gesamthelligkeit des Systems zu erhalten.

Tabelle: Die Errechnung der Gesamthelligkeit bei Doppelsternen

Helligkeitsunterschied	zur Hauptkomponente zu addierender Helligkeitsbetrag	Helligkeitsunterschied	zur Hauptkomponente zu addierender Helligkeitsbetrag
$0{,}0^m$	$0{,}75^m$	$1{,}2^m$	$0{,}31^m$
0,2	0,66	1,4	0,26
0,4	0,57	1,6	0,22
0,6	0,49	1,8	0,19
0,8	0,42	2,0	0,16
1,0	0,36	3,0	0,07

Bei einer Größenklassendifferenz über $3{,}0^m$ ist der Beitrag des schwächeren Begleiters zur Gesamthelligkeit vernachläßigbar klein.

Die Beobachtung der Milchstraße, von Sternhaufen und Nebeln

Die Milchstraße

Von den Großstädten und Industriegebieten Mitteleuropas aus kann heute die Milchstraße kaum mehr mit bloßem Auge beobachtet werden. Der Besitzer eines Fernrohrs wird allerdings den größeren Sternreichtum im Gebiet der Milchstraße durchaus wahrnehmen. Besonders eindrucksvoll ist die Milchstraße weniger in einem langbrennweitigen Instrument, das über ein kleines Gesichtsfeld verfügt, als in einem lichtstarken „Weitwinkelfernrohr", wie wir es in Gestalt eines Feldstechers oder Doppelglases haben. Da zumindest einfachere Feldstecher sehr verbreitet sind und es kaum einen Amateurastronomen gibt, der nicht neben größeren Instrumenten auch ein Fernglas besitzt (oder zumindest besitzen sollte!), kann nur dringend dazu geraten werden, wenigstens während des Urlaubs an der See, im Gebirge oder an anderen abgelegenen Orten die Milchstraße zu durchmustern. Man wird bald feststellen, daß die Milchstraße in einem guten Doppelglas zu den eindrucksvollsten Himmelsschauspielen zählt.
Wie wir einem Sternatlas oder einer Sternkarte entnehmen können, verläuft die Milchstraße (Galaxis) als ein nahezu exakter Großkreis durch folgende Sternbilder: Schütze – Schild – Adler – Pfeil – Füchschen – Schwan – Kepheus – Kassiopeia – Perseus – Fuhrmann – Stier/Zwillinge – Einhorn – Großer Hund – Hinterdeck des Schiffes – Segel – Schiffskiel – Südliches Kreuz – Centaurus – Zirkel – Winkelmaß/Altar – Skorpion – Schütze. Dabei kann der Teil der Milchstraße zwischen den Sternbildern Hinterdeck des Schiffes und Altar von Mitteleuropa aus nicht gesehen werden.
Die Helligkeit der Milchstraße ist keineswegs überall gleich. Am

wenigsten auffällig ist sie im Bereich der Wintersternbilder Zwillinge, Stier, Fuhrmann usw., am hellsten dagegen in den Sommersternbildern Schütze und Schild. In der Richtung zum Sternbild Schütze dürfen wir in einer Entfernung von etwa 30 000 Lichtjahren das Zentrum unseres Milchstraßensystems (galaktisches System) annehmen. Leider gelangen diese Gegenden der Milchstraße für uns in Mitteleuropa nur knapp über den südlichen Horizont. Fast genau an der Stelle, wo sich das Zentrum des Milchstraßensystems befindet, liegt der Winterpunkt der Ekliptik, also die Stelle, wo sich die Sonne am 22. Dezember aufhält. Genauso hoch kommt auch diese Gegend über unseren Horizont herauf, also nur etwa 15 bis 20°. Vor allem für Beobachter in Norddeutschland wird da nicht mehr viel auszurichten sein, während man von Süddeutschland, der Schweiz und Österreich aus schon etwas günstigere Bedingungen hat, da ein Unterschied in der geographischen Breite des Beobachtungsortes um 1° auch einen Unterschied in der Höhe über dem Horizont um denselben Betrag ausmacht. Noch besser ist es natürlich vom Mittelmeerraum oder Nordafrika aus. Da diese Gebiete zunehmend touristisch erschlossen werden, eröffnet sich Amateurastronomen eine wunderbare Gelegenheit, neben dem Urlaubsvergnügen auch die hellsten und interessantesten Teile der Milchstraße beobachten zu können.
Neben der verschiedenen Helligkeit und dem unterschiedlichen Sternreichtum fällt dem Beobachter gelegentlich auch eine Zweiteilung der Milchstraße auf, insbesondere im Bereich der Sommersternbilder nördlich des Schützen bis hin zum Schwan. Diese Unterbrechungen, die wir auch noch in kleinerem Umfang als Dunkelwolken kennenlernen werden, sind eine Folge der Absorption des Sternenlichts durch interstellare gas- und staubförmige Materie, hier insbesondere des Staubes.

Sternhaufen

In der Milchstraße und in ihren Randgebieten können wir aber auch sehr viele galaktische Sternhaufen (offene Sternhaufen) beobachten. Einige sind sogar bereits mit bloßem Auge zu sehen. An der Spitze wären die Plejaden zu erwähnen, die sich am nordwestlichen Rand des Sternbildes Stier befinden und am besten im Herbst und im Winter beobachtet werden können. Für die Plejaden gibt es zahlreiche volks-

Bild 40. Kleines Kärtchen der Plejaden

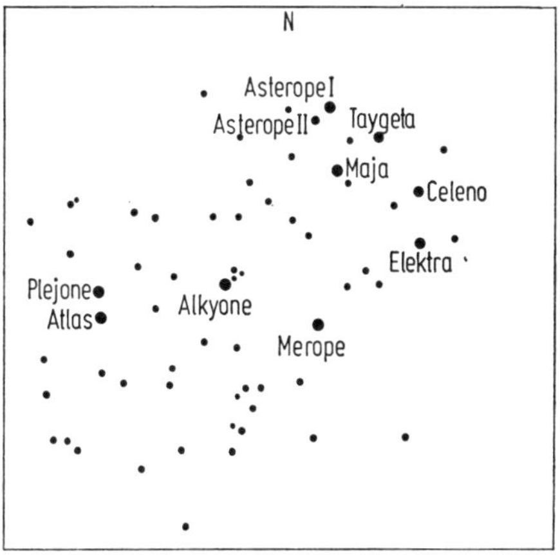

tümliche Bezeichnungen, z. B. Siebengestirn, Leiterwagen, Kuckucksgestirn oder Gluckhenne. Die etwa 405 Lichtjahre entfernten Plejaden enthalten einige hundert Sterne, von denen mit bloßem Auge allerdings in durchschnittlichen Nächten nur 6 beobachtet werden können. Sehr scharfe Augen können unter günstigen Sichtbedingungen maximal 9 Sterne erkennen. Damit sind die schwächeren Plejadensterne regelrechte „Augenprüfer" oder Testobjekte für die atmosphärischen Sichtbedingungen. In der Tabelle sind die Bezeichnungen und Helligkeiten der wichtigsten Plejadensterne aufgeführt.

Tabelle: Die wichtigsten Plejadensterne und ihre Helligkeit

Bezeichnung		scheinbare visuelle Helligkeit
Alkyone		$3{,}28^m$
Atlas		4,09
Elektra		4,22
Maja		4,33
Merope		4,61
Taygeta		4,61
Plejone		5,37
Celaeno		5,77
Asterope I	erscheinen dem bloßen Auge	5,99
Asterope II	meist als *ein* Stern	6,64

Die schwächsten Plejadensterne haben eine Helligkeit von etwa 14^m. Da die Plejaden einen scheinbaren Durchmesser von rund 100 Bogenminuten aufweisen, sind sie bedeutend größer als das Gesichtsfeld der meisten, auch kleineren Fernrohre, mit Ausnahme der allerschwächsten Vergrößerungen. In jedem Falle ist es nicht ratsam, einen so zerstreuten Sternhaufen mit stärkeren Vergrößerungen zu beobachten, es sei denn, man wolle nahe beieinander befindliche Sterne, also Doppel- und Mehrfachsterne, besser auflösen. Den schönsten Anblick bieten die Plejaden immer noch in einem lichtstarken Doppelglas.

Auch die Hyaden, die sich in der Nachbarschaft von Aldebaran im Stier befinden, sind ein bekannter offener Sternhaufen – allerdings noch zerstreuter als die Plejaden. Auch hier genügt die Beobachtung mit bloßem Auge oder einem Feldstecher. Die Hyaden haben einen scheinbaren Durchmesser von etwa $5^{1}/_{2}$ Winkelgrad und umfassen 150 Sterne in einer Entfernung von 130 Lichtjahren.

Praesepe oder „Krippe“ im Sternbild Krebs ist dagegen bereits ein Beispiel eines offenen Sternhaufens, der mit bloßem Auge nicht mehr aufgelöst werden kann. Wir sehen dort in klaren Nächten nur noch einen rundlichen Nebelfleck, der sich aber bereits im Feldstecher in einzelne Sterne auflöst. Hier stehen 500 Sterne in einer Entfernung von 515 Lichtjahren. Die hellsten Sterne haben eine Helligkeit von 6^m, die schwächsten reichen bis 17^m herunter. Der scheinbare Durchmesser erreicht 95′.

Es gibt durchaus noch weitere Beispiele für offene Sternhaufen, die mit bloßem Auge gesehen werden können. Zu nennen wäre z. B. eine lockere Sterngruppe im „Haar der Berenike“, die auch eine räumlich zusammengehörige Gruppe in 260 Lichtjahren Abstand darstellt. Auch hier ist der Anblick im Feldstecher gegenüber der Beobachtung mit einem größeren Instrument vorzuziehen. Hart an der Grenze für die Beobachtung mit bloßem Auge befinden sich dagegen die beiden Sternhaufen h und χ im Perseus, inmitten der Milchstraße gelegen. Man kann diesen „Doppelsternhaufen“ mit bloßem Auge nur gerade eben noch als ein schwaches Nebelfleckchen erkennen. Auch hier ergibt sich im Feldstecher ein großartiger Anblick. Aber auch ein kleines Fernrohr bietet eine Menge. Beide Sternhaufen haben nur noch einen scheinbaren Durchmesser von 36′, so daß sie in einem schwach vergrößernden Okular das Gesichtsfeld gerade in etwa ausfüllen. Allerdings kann man mit solchen Fernrohren nicht beide Sternhaufen gleichzeitig sehen. Die offenen Sternhaufen werden nach den beiden Astronomen

H. Shapley und R. Trümpler häufig auch in verschiedene Klassen eingeteilt. Die Klasse I nach Trümpler, entsprechend den Klassen f und g nach Shapley, enthält Sternhaufen mit einer starken Konzentration der Sterne. Solche Sternhaufen heben sich sehr deutlich vom Hintergrund ab. Die Klasse II bzw. d enthält Sternhaufen schwächerer Konzentration, die sich aber doch noch deutlich vom Hintergrund abheben. Bei III bzw. c zeigen die Sternhaufen keine merkliche Konzentration gegen das Zentrum. Trotzdem heben sie sich noch vom Hintergrund ab. Sternhaufen, die nur noch den Eindruck einer ziemlich zufälligen Anhäufung von Sternen erwecken, werden der Klasse IV bzw. a zugeordnet.

Trümpler hat noch weitere Unterscheidungsmerkmale eingeführt:

Bild 41. Die Klassifikation der offenen Sternhaufen

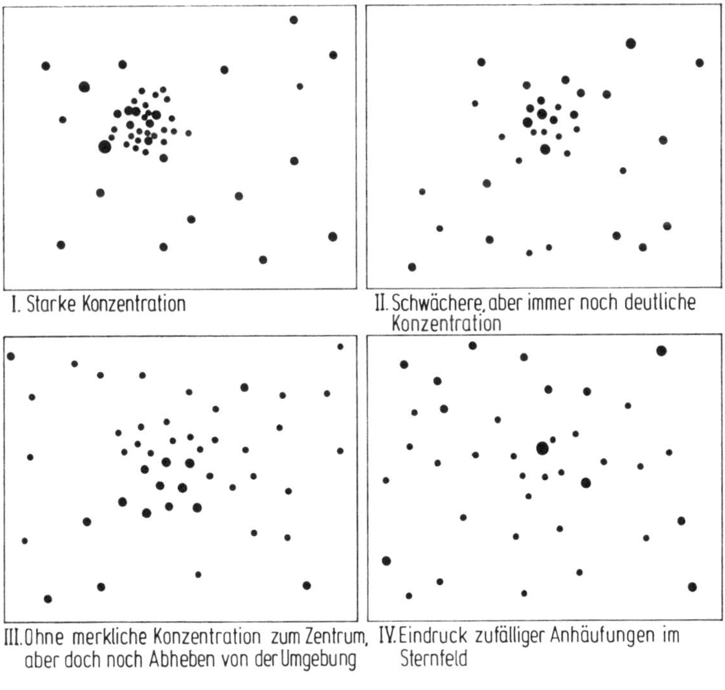

Sternarme Haufen mit weniger als 50 Sterne erhalten den Buchstaben p (poor), Sternhaufen mit 50 bis 100 Mitgliedern erhalten den Buchstaben m (moderately), sternreiche Haufen mit mehr als 100 Sternen werden durch den Buchstaben r (rich) ausgezeichnet.

Zeigen die Sterne eines offenen Haufens fast alle etwa dieselbe scheinbare Helligkeit, so erhalten sie außerdem noch die Ziffer 1, bei einer einigermaßen gleichmäßigen Streuung der Helligkeiten über einen größeren Bereich die Ziffer 2. Die Ziffer 3 wird gegeben, wenn man neben einigen sehr hellen Sternen auch eine größere Anzahl schwächerer Sterne feststellen kann.

Der Sternhaufen Praesepe im Sternbild Krebs hat z. B. den Typus I 2 r nach Trümpler, während der Doppelsternhaufen h und χ Persei den Typus IV 3 r aufweist. Die Plejaden haben III 3 r, die Hyaden II 3 m.

Im deutlichen Gegensatz zu den offenen Sternhaufen stehen die kugelförmigen Sternhaufen. Ihre Entfernungen von unserer Erde sind bedeutend größer als die der offenen Sternhaufen. Der hellste Kugelhaufen, den wir am Himmel beobachten können, ist ω Centauri oder NGC 5139. Leider kann er von Mitteleuropa aus nicht beobachtet werden, da er wegen seiner südlichen Lage erst von der geographischen Breite Nordafrikas aus und weiter südlich über den Horizont heraufgelangt. Die Gesamthelligkeit dieses Sternhaufens beläuft sich auf $3{,}7^m$, die Entfernung auf 16 400 Lichtjahre. Er kann damit bereits mit bloßem Auge gerade noch als ein schwaches rundliches „Wölkchen“ beobachtet werden – übrigens ganz ähnlich wie Praesepe, obwohl es sich hier um zwei ganz verschiedene Typen von Sternhaufen handelt.

Für uns Bewohner Mitteleuropas ist der eindrucksvollste Kugelhaufen M 13 im Sternbild Herkules. Seine Gesamthelligkeit beläuft sich zwar nur auf $5{,}8^m$, so daß er als verwaschener Nebelfleck erst mit einem Opernglas oder Feldstecher zu sehen ist. Seine Entfernung beträgt 23 000 Lichtjahre. Auch in einem Amateurfernrohr von 5 bis 8 cm Öffnung erscheint er als ein rundlicher Nebelfleck mit verdichtetem Kern. Da die hellsten Sterne in M 13 nur eine Helligkeit von 11^m haben, können sie erst mit einem Fernrohr über 10 cm Öffnung wahrgenommen werden. Sie erscheinen auf den äußeren Teilen des noch unaufgelösten nebligen Sternhaufens als winzige Pünktchen wie aufgesprenkelt.

Ein anderer berühmter Kugelhaufen ist M 3 im Sternbild Jagdhunde in 40 000 Lichtjahren Entfernung. Seine Gesamthelligkeit beläuft sich auf $6{,}6^m$. Die hellsten darin befindlichen Sterne sind $14{,}3^m$ hell. Hier benötigt man also ein noch größeres Instrument, um wenigstens teilweise eine Auflösung in Einzelsterne erreichen zu können. Genauso ist es bei M 15 im Pegasus. Dieser insgesamt $6{,}0^m$ helle Kugelhaufen hat einen Abstand von 49 000 Lichtjahren; seine hellsten Sterne sind $14{,}4^m$ hell.
Um die ganze Pracht eines Kugelhaufens zu vermitteln, eignet sich allerdings ein Amateurfernrohr meist nicht mehr. Dazu braucht man langbelichtete fotografische Aufnahmen, wie man sie mit größeren, lichtstärkeren Instrumenten erhält. Dabei zeigt sich, daß einige Kugelhaufen durchaus auch eine gewisse Abplattung zeigen. Außerdem werden die Kugelhaufen nach dem Grad ihrer Konzentration voneinander unterschieden. Shapley hat hierzu eine Skala erfunden, die von I bis XII reicht. Die Kugelhaufen der Klasse I sind dabei am stärksten, die der Klasse XII am wenigsten konzentriert. M 3 gehört zur Klasse VI, M 13 zur Klasse V und M 15 zur Klasse IV.

Nebel

Unter den Nebeln verstehen wir zunächst die in unserem Milchstraßensystem gelegenen „galaktischen Nebel". Dazu gehören etwa helle Nebel wie der berühmte Orionnebel, der sogar bereits mit einem Feldstecher unterhalb der drei Gürtelsterne des Orion festgestellt werden kann. Er besteht aus gas- und staubförmiger Materie, die von hellen Sternen beleuchtet wird. Die Gase werden dabei zum Eigenleuchten angeregt, während die Staubteilchen einfach das Licht der Nachbarsterne reflektieren. Ausführlichere Objekte-Listen, wie wir sie etwa in unseren „Literaturhinweisen" finden (z. B. Herrmann: dtv-Atlas zur Astronomie, oder Vehrenberg: Handbuch der Sternbilder) weisen noch auf viele andere mehr oder weniger helle Nebel hin. Da sie flächenhaft ausgedehnt sind, können sie fast immer nicht so einfach beobachtet werden wie Sterne gleicher Helligkeit. Liegt also die Grenzhelligkeit unseres Fernrohrs bei der 11. Größenklasse, so werden wir Nebelflecke dieser Helligkeit meist nicht mehr beobachten können. Je nach der Flächenhelligkeit der einzelnen Objekte kommen vielleicht

nur noch Nebel bis zur 8. oder 9. Größenklasse in Betracht. Hier liegen die Verhältnisse ganz ähnlich wie bei der Beobachtung der Kometen (s. S. 99).
Neben den hellen Nebeln gibt es gelegentlich auch „Dunkelnebel", die aus nicht selbständig leuchtender Materie bestehen. Solche dunklen Objekte finden wir meist im Verlauf der Milchstraße, und zwar oft schon mit Hilfe eines Feldstechers. Eine dunkle Stelle dieser Art gibt es in der Nähe des Sterns Deneb im Schwan, bei γ Aquilae usw.
Schließlich wären unter den galaktischen Nebeln auch noch die „planetarischen Nebel" zu erwähnen. Hier handelt es sich um kleine scheibchenartige oder auch ringförmige Objekte. Es sind von Sternen abgestoßene Gasschalen. Am berühmtesten ist wohl der Ringnebel im Sternbild der Leier, der bereits mit einem Fernrohr von etwa 60 mm Objektivöffnung aufgefunden werden kann.
Weiter müssen wir die außergalaktischen Nebel erwähnen, also andere Milchstraßensysteme oder Galaxien. Hier steht an erster Stelle der Andromedanebel (M 31), der in einer klaren Nacht im Sternbild Andromeda sogar als längliches Nebelfleckchen schon mit bloßem Auge aufgefunden werden kann. Häufig zeigen diese Galaxien eine Spiralstruktur, die allerdings bei Beobachtung mit kleinen Fernrohren nicht zu erkennen ist. Diese Strukturen kommen meist erst auf langbelichteten Aufnahmen richtig zur Geltung.
Aus der Auffindung von schwachen Nebeln kann man einen regelrechten Sport machen, und man kann auch die örtlichen Sichtverhältnisse dabei recht gut testen. Allerdings ist daraus weniger ein langfristiges Hobby zu machen, das irgend etwas Neues zutage fördert.

Die Veränderlichen Sterne

Zu den ganz wenigen Gebieten, auf denen auch der Amateurastronom mit viel Geduld und Ausdauer wissenschaftliche Beiträge leisten kann, gehört die Beobachtung Veränderlicher Sterne. Wie bei den Farbschätzungen an Sternen so läßt sich auch hier konstatieren, daß das menschliche Auge geringe Helligkeitsunterschiede zwischen zwei Sternen ausgezeichnet feststellen kann. Man vermag also bei geeigneten Methoden Helligkeitsschätzungen an Sternen durchzuführen, deren Genauigkeit zwar nicht an die professionellen Methoden heranreicht, aber doch größer ist, als zunächst vielleicht angenommen werden mag.

Selbst die besten heute üblichen lichtelektrischen Helligkeitsmessungen mit Fotomultipliern erreichen kaum eine bessere Genauigkeit als $0{,}01^m$. Dies liegt weniger an der Ungenauigkeit solcher Meßmethoden als an der störenden Wirkung der Erdatmosphäre. Das ständige Flackern (Szintillieren) der Sterne infolge der Luftunruhe verhindert eine größere Genauigkeit als etwa $^1/_{100}$ Größenklasse. Wenn man dagegenstellt, daß eingefuchste Amateurastronomen durchaus eine Genauigkeit in ihren Helligkeitsschätzungen von $0{,}08^m$ oder sogar $0{,}07^m$ erzielen, so ist dies doch recht erstaunlich.

Voraussetzung ist natürlich eine lange Einübungszeit und eine strikte Anwendung der empfohlenen Methoden. Im allgemeinen wird heute die Argelander'sche Stufenschätzungsmethode bevorzugt. Aber auch die sogenannte Bruchmethode, die auf den Astronomen P. C. Pickering zurückgeht, ist empfehlenswert.

Wenden wir uns zunächst der Stufenschätzungsmethode zu, die von dem Bonner Astronomen Friedrich Wilhelm Argelander im vergangenen Jahrhundert vorgeschlagen wurde. In ihren Grundzügen geht sie sogar schon auf John Herschel zurück. Die „Stufe“, mit der wir hier

rechnen, ist zunächst ein verhältnismäßig subjektives Maß. Wir werden aber sehen, daß diese Subjektivität bei der nachherigen Bearbeitung der Beobachtungen weitgehend eliminiert werden kann.
Wir vergleichen zwei Sterne, von denen der eine ein Veränderlicher, der andere ein unveränderlicher Vergleichsstern sein soll. Erscheinen beide Sterne, die verglichen werden, selbst bei längerem Beobachten gleich hell oder wird bald der eine, bald der andere etwas heller empfunden, so sagt man, der Helligkeitsunterschied zwischen beiden Sternen sei 0 Stufen. Nennen wir den einen Stern a, den anderen Stern b, so schreiben wir a 0 b oder b 0 a. Den Veränderlichen könnten wir auch mit V abkürzen. Ist dann der unveränderliche Vergleichsstern a, so würden wir schreiben V 0 a oder a 0 V.
Erscheinen im ersten Augenblick beide Sterne gleich hell, stellt sich aber bei längerem, sorgfältigem Vergleichen heraus, daß der Stern a hin und wieder doch ein wenig heller erscheint als b oder V, wenn auch nicht immer, so sagen wir, a sei eine Stufe heller als b oder V, abgekürzt a 1 b bzw. a 1 V.
Ist bei längerem Vergleichen Stern a unzweifelhaft und stets heller als b oder V, wenn auch nur in geringem Umfang, so ist dieser 2 Stufen heller. Abgekürzt heißt dies a 2 b bzw. a 2 V.
Fällt ein Unterschied in der Helligkeit ziemlich schnell auf, so rechnen wir mit 3 Stufen. Wir schreiben also a 3 b bzw. a 3 V.
Eine noch auffallendere Verschiedenheit zugunsten von a ist ein Unterschied von 4 Stufen. Wir erhalten a 4 b bzw. a 4 V.
Wichtig ist, daß die Sterne bei dieser Methode in aller Ruhe nacheinander verglichen werden. Dazu sollten die beiden Sterne am Himmelsgewölbe nicht zu weit voneinander entfernt sein, weil andernfalls zu viel Zeit vergeht, bis wir von dem einen Stern zum anderen übergewechselt haben. Am besten wäre es natürlich, wenn beide Sterne gleichzeitig im Gesichtsfeld des Fernrohrs erscheinen. Dies läßt sich aber nur ganz selten erreichen, am ehesten noch bei schwächeren Sternen, von denen es ja eine größere Anzahl gibt. Außerdem wählt man zweckmäßigerweise Vergleichssterne aus, deren Helligkeitsdifferenz zu dem zu schätzenden Stern (Veränderlichen) möglichst gering ist. Schon eine Differenz von 3 oder 4 Stufen ist das Äußerste. In jedem Fall wird die Schätzung um so genauer, je ähnlicher die Sternhelligkeiten sind. Der Umrechnungswert einer „Stufe“ in Größenklassen ist dabei

Bild 42. Kleiner und Großer Wagen als Übungsfelder zu Helligkeitsschätzungen

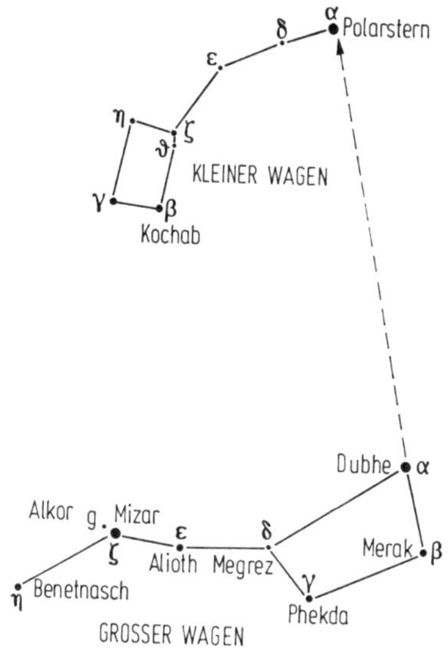

zunächst noch verhältnismäßig unwichtig. Beim Anfänger wird eine Stufe etwa 0,10^m bis 0,15^m betragen. Bei zunehmender Übung kann sie die oben erwähnten Grenzwerte von 0,08^m oder 0,07^m erreichen.

Am Anfang sollte man einfach das Einüben der Stufen erlernen. Dazu genügt das Foto eines Sternfeldes oder die Projektion eines guten Diapositivs, das ein sternreiches Feld wiedergibt. Auf diese Weise können wir unabhängig von der Wetterlage schon im Zimmer erste Versuche machen. Dann gehen wir in einer klaren Nacht ins Freie und beobachten die Sterne zunächst mit bloßem Auge. Um Störungen durch Seitenlicht zu vermeiden, können wir uns einer einfachen geschlossenen Röhre von etwa 75 cm Länge bedienen. Außerdem sollte man vollständig an die Dunkelheit angepaßt sein, um die volle Empfindlichkeit des Auges auszunutzen. Das kann durchaus etwa 30 bis 45 Minuten dauern.

Ein sehr gutes Sternfeld, um die Argelandersche Stufenschätzungsmethode einzuüben, sind der Große und Kleine Bär (Ursa major und Ursa minor). Daher sollen für die wichtigsten Sterne dieser beiden Sternbilder die Helligkeiten in Größenklassen nach der „Potsdamer Durchmusterung“ angegeben werden (Tabelle Seite 132).

Wegen der Extinktion, die wir später noch im einzelnen erörtern wollen, muß davon abgeraten werden, die Sterne untereinander zu schätzen, wenn sie horizontnah stehen oder eine sehr unterschiedliche Höhe über dem Horizont haben. Dies kann besonders beim Großen Bären der Fall sein. Am besten vermeidet man alle Beobachtungen, wenn die Höhe über dem Horizont unter 20° bis 25° ist.

Tabelle: Sternhelligkeiten des Großen und Kleinen Bären

Kleiner Bär (Ursa minor)		*Großer Bär (Ursa major)*	
α 2,31^m	ε 4,48^m	α 2,04^m	ε 2,16^m
β 2,26^m	ζ 4,52^m	β 2,63^m	ζ 2,38^m
γ 3,34^m	η 5,08^m	γ 2,68^m	η 2,26^m
δ 4,68^m		δ 3,52^m	

Außerdem sollte man die Schätzungen zwischen zwei Sternen mehrfach wiederholen, und zwar nicht nur am gleichen Abend, sondern bei verschiedenen Wetterlagen, also auch zu ganz verschiedenen Zeitpunkten, Stellungen der Sterne über dem Horizont oder dergleichen. So könnte also beispielsweise eine Schätzungsreihe zwischen den beiden Sternen β und γ Ursae majoris folgendermaßen aussehen:

$$\beta\, 0\, \gamma,\ \beta\, 1\, \gamma,\ \beta\, 1\, \gamma,\ \beta\, 1\, \gamma,\ \beta\, 0\, \gamma$$

Zwischen den Sternen ε und ζ Ursae majoris könnte eine Reihe aussehen:

$$\varepsilon\, 2\, \zeta,\ \varepsilon\, 3\, \zeta,\ \varepsilon\, 2\, \zeta,\ \varepsilon\, 2\, \zeta$$

Bei der Pickering'schen Bruchmethode müssen von vornherein drei Sterne miteinander verglichen werden, wobei der zu schätzende Stern (Veränderlicher) der Helligkeit nach zwischen den Helligkeitswerten der beiden anderen Sterne liegen soll. Nun teilt man den Helligkeitsunterschied der beiden Vergleichssterne in 10 Teile ein und schätzt, an welcher Stelle dieses Intervalls die Helligkeit des Veränderlichen oder sonst zu bestimmenden Sterns liegt. Seien die beiden Vergleichssterne a und b, so würde z. B. a 6 b bedeuten, daß der Veränderliche um $^6/_{10}$ des gesamten Helligkeitsintervalls zwischen a und b schwächer ist als a, aber $^4/_{10}$ heller ist als b. Liegt die Helligkeit des Veränderlichen genau zwischen denen der Vergleichssterne a und b, so würde es heißen a 5 b. Natürlich wird auch hier die Schätzung um so genauer sein, je geringer der Helligkeitsunterschied der beiden Vergleichssterne ist. Trotzdem kann die Helligkeitsdifferenz zwischen den beiden Vergleichssternen bei der Pickering'schen Bruchmethode ein wenig größer ausfallen als bei der Argelander'schen Stufenschätzungsmethode, was vor allem

dann von Vorteil ist, wenn man nur wenige Vergleichssterne zur Auswahl hat.
Allerdings sollte sich der Sternfreund, der sich mit Helligkeitsschätzungen beschäftigen möchte, nach einer gewissen Einübungszeit auf jeden Fall für die eine oder die andere Methode entscheiden. Ein ständiger Wechsel der Methode während langjähriger Beobachtungen wäre nämlich von großem Nachteil.
Nach der Pickering'schen Bruchmethode würde beispielsweise eine Beobachtungsreihe im Großen Bären so aussehen können:
Es sei zur Aufgabe gestellt die Helligkeit von ζ Ursae majoris zu bestimmen. Als Vergleichssterne werden herangezogen α Ursae majoris und β Ursae majoris:

$$\alpha\, 6\, \beta,\ \alpha\, 8\, \beta,\ \alpha\, 7\, \beta,\ \alpha\, 5\, \beta,\ \alpha\, 8\, \beta$$

In diesem Falle kann sofort auf die Helligkeit von ζ Ursae majoris in Größenklassen geschlossen werden. Gehen wir zunächst einmal davon aus, daß alle Beobachtungen gleichwertig sind, also unter gleich günstigen Bedingungen durchgeführt wurden, so erhalten wir aus allen 5 Beobachtungen den Mittelwert α 6,8 β. Da α Ursae majoris eine Helligkeit von $2{,}04^m$, β Ursae majoris $2{,}63^m$ hat, beträgt die Helligkeitsdifferenz 0,59 Größenklassen. Ein Zehntel dieser Helligkeitsdifferenz beläuft sich auf $0{,}059^m$. Damit ist ζ Ursae majoris $0{,}059 \cdot 6{,}8 = 0{,}40^m$ schwächer als α Ursae majoris, also $2{,}44^m$. Natürlich gibt unsere Beobachtungsmethode eine Genauigkeit in der zweiten Stelle hinter dem Komma nicht her. Man wird daher unseren geschätzten Wert für ζ Ursae majoris auf $2{,}4^m$ abrunden.
Bei der Argelander'schen Stufenschätzungsmethode kommt man nicht so schnell auf eine Umrechnung in Größenklassen. Vielleicht erscheint daher zunächst die Pickering'sche Bruchmethode eleganter. Es darf aber als Nachteil dieser Methode nicht übersehen werden, daß die zu beobachtenden Helligkeitsintervalle einer ständigen Änderung unterworfen sind. Die „Stufe" der Argelander'schen Schätzungsmethode ist dagegen nach einiger Einübungszeit ein Intervall, das eine hohe Konstanz aufweist. Gering wiegt dagegen der Umstand, daß die Auswertung rechnerisch etwas umständlicher ist als bei der Pickering'schen Bruchmethode. Die meisten Amateurastronomen benutzen heute die Argelander'sche Methode, was zum Teil aber auch daran liegen mag,

daß in der neueren Literatur die Pickering'sche Bruchmethode gelegentlich überhaupt nicht mehr dargestellt worden ist.
Rechnen wir nun ein Beobachtungsbeispiel durch, das die Beziehung von Stufen und Größenklassen aufzeigt. Wir haben 6 Vergleichssterne, die mit a bis f bezeichnet werden sollen. Folgende Beobachtungen und Helligkeitsvergleiche mit einem Veränderlichen V mögen im Laufe einiger Wochen zusammengetragen worden sein (in der Praxis werden meist noch sehr viel mehr Beobachtungen vorliegen):

1975	Okt. 1	a 2 V	V 1 b	
	Okt. 3	a 1 V	V 2 b	
	Okt. 5	a 2 V	V 2 b	
	Okt. 9	a 4 V	V 0 b	V 2 c
	Okt. 11	b 1 V	V 1 c	
	Okt. 14	b 2 V	V 0 c	V 3 d
	Okt. 16	c 2 V	V 1 d	
	Okt. 17	c 3 V	V 1 d	
	Okt. 19	c 3 V	V 0 d	V 2 e
	Okt. 24	d 1 V	V 2 e	
	Okt. 25	d 1 V	V 1 e	
	Okt. 31	d 3 V	e 1 V	V 3 f
	Nov. 1	e 1 V	V 2 f	
	Nov. 5	e 2 V	V 1 f	

Nun stellen wir eine sogenannte Vergleichssternskala auf. Dabei suchen wir aus obigen Beobachtungen alle Stufenunterschiede zwischen den 6 Vergleichssternen heraus und bilden das arithmetische Mittel:

a – b	b – c	c – d	d – e	e – f
3 Stufen	2 Stufen	3 Stufen	2 Stufen	4 Stufen
3 Stufen	2 Stufen	3 Stufen	3 Stufen	3 Stufen
4 Stufen	2 Stufen	4 Stufen	2 Stufen	3 Stufen
4 Stufen		3 Stufen	2 Stufen	
3,50 Stufen	2,00 Stufen	3,25 Stufen	2,25 Stufen	3,25 Stufen

Jetzt setzen wir die Helligkeit des Vergleichssterns a = 0,0 Stufen. Dann ergibt sich folgende Tabelle, in die wir die aus einem Tabellenwerk entnommene Helligkeit in Größenklassen dazusetzen.

Vergleichsstern	Stufen (st)	Helligkeit
a	$0{,}0^{st}$	$4{,}15^{m}$
b	3,5	4,49
c	5,5	4,68
d	8,8	5,00
e	11,0	5,21
f	14,3	5,52

Aus dieser Zusammenstellung geht nebenbei übrigens hervor, daß der mittlere Stufenwert bei dieser Beobachtungsreihe $1{,}37 : 14{,}3 = 0{,}096^{m}$ oder knapp $0{,}1^{m}$ betrug.

Nun zeichnen wir auf Millimeterpapier ein Diagramm, das auf der Waagerechten die Stufen, auf der Senkrechten die Größenklassen zeigt, und tragen darin die obigen Werte ein. Wegen der unvermeidlichen Beobachtungsfehler werden die Punkte nicht genau auf einer Geraden liegen. Wir ziehen aber nun durch diese Punkteschar eine mittlere Gerade so, daß die Abweichungen der Punkte nach oben oder unten so gleichmäßig wie möglich ausfallen. Damit haben wir eine Möglichkeit, für jeden Stufenwert die Größenklasse anzugeben. Es sei jedoch schon jetzt gesagt, daß Größenklassenangaben in vielen Fällen gar nicht nötig sind. Zur Bestimmung des Zeitpunktes des Helligkeitsmaximums oder -minimums eines Veränderlichen oder dessen Periodenlänge kann auch weiter nur in Stufen gerechnet werden. Selbstverständlich kann auch eine Lichtkurve, also eine Kurve, die die Helligkeitsveränderungen eines Sterns wiedergibt, auf der Grundlage der Stufenskala angelegt werden.

Wie zeichnen wir eine solche Lichtkurve? Dazu stellen wir zunächst die Helligkeiten des Veränderlichen in Stufen für die einzelnen Beobachtungstage zusammen. Wie bereits betont, ist eine Schätzung nach der Argelander'schen Methode um so genauer, je geringer der Helligkeitsunterschied zwischen dem Veränderlichen und dem Vergleichsstern war. Die Schätzung a 2 V am ersten Beobachtungstag (1975 Okt. 1) war also sicher weniger genau als die Schätzung V 1 b. Man

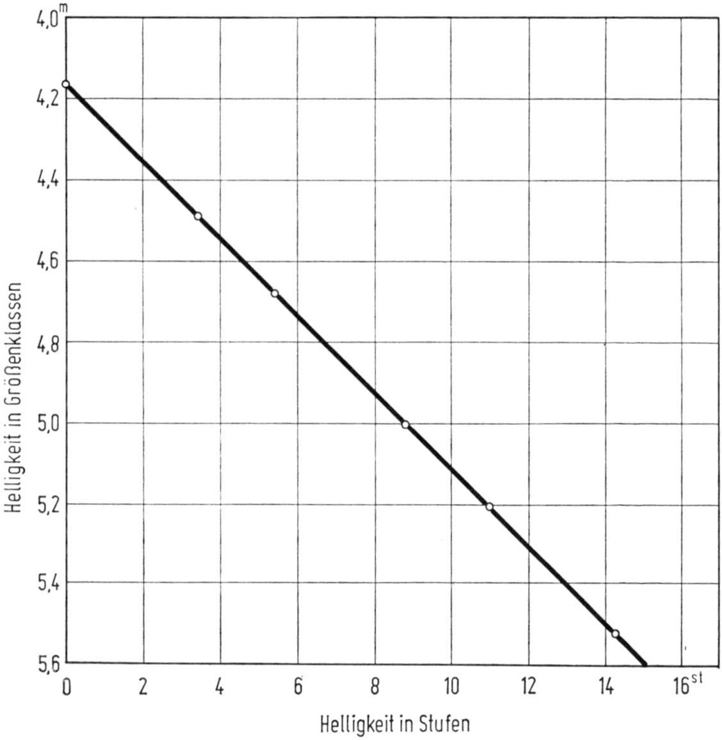

Bild 43. Die Aufstellung einer Stufenskala

sagt: Das „Gewicht“ der zweiten Schätzung war größer. Dies „belohnen“ wir dadurch, daß wir bei der Berechnung des Stufenwertes des Veränderlichen so tun, als ob wir die Schätzung mit dem höheren Gewicht zweimal vorgenommen hätten, d. h. als ob da stünde a 2 V, V 1 b, V 1 b. Daraus ergeben sich für V drei Werte, und zwar aus

a 2 V	→	$V = 2{,}0^{st}$
V 1 b	→	$V = 2{,}5$
V 1 b	→	$V = 2{,}5$
mittlerer Wert 1975 Okt. 1		$V = 7{,}0 : 3 = 2{,}3^{st}$

Bei der Beobachtung vom Okt. 9 können wir sogar noch feinere „Gewichte" verteilen: a 4 V habe nur einfaches Gewicht, V 0 b dreifaches Gewicht, V 2 c doppeltes Gewicht. Wir erhalten also

	a 4 V	→	V	=	$4{,}0^{st}$
	V 0 b	→	V	=	3,5
	V 0 b	→	V	=	3,5
	V 0 b	→	V	=	3,5
	V 2 c	→	V	=	3,5
	V 2 c	→	V	=	3,5
mittlerer Wert 1975 Okt. 9			V	=21,5 : 6 =	$3{,}6^{st}$

Damit ergibt sich für die gesamte Beobachtungsreihe vom 1. Oktober bis 5. November 1975 unter Hinzufügung einiger weiterer Werte für die Zeit danach folgende Tabelle:

1975	Okt.	1	$2{,}3^{st}$	1975	Nov.	6	$13{,}1^{st}$
	Okt.	3	1,2		Nov.	10	9,8
	Okt.	5	1,8		Nov.	11	7,6
	Okt.	9	3,6		Nov.	12	5,9
	Okt.	11	4,5		Nov.	19	1,9
	Okt.	14	5,6		Nov.	20	1,3
	Okt.	16	7,7		Nov.	22	1,8
	Okt.	17	8,0		Nov.	24	2,9
	Okt.	19	8,8		Nov.	27	4,1
	Okt.	24	9,5		Dez.	1	7,0
	Okt.	25	9,9		Dez.	2	7,4
	Okt.	31	11,8		Dez.	4	8,7
	Nov.	1	12,1		Dez.	5	9,5
	Nov.	5	13,2		Dez.	6	10,2

Unsere Berechnungen basieren nun allerdings nicht genau auf den am jeweiligen Abend tatsächlich beobachteten Stufenwerten. Das bedeutet folgendes: Am 1. Oktober betrug der wirklich festgestellte Stufenunterschied zwischen dem Vergleichsstern a und b $3{,}0^{st}$, während er im Mittel von uns zu $3{,}5^{st}$ errechnet wurde. Bilden wir nun den Quotient mittlerer Stufenunterschied M zu beobachtetem Stufenunterschied B, so erhalten wir den sogenannten „Stufenwert des Abends" S_A. Also nochmals in einer Formel

$$S_A = \frac{M}{B}$$

Mit diesem Stufenwert des Abends (am 1. Oktober 1975 also beispielsweise $S_A = \frac{3,5}{3,0} = 1,17$ oder aufgerundet 1,2) korrigieren wir die beobachteten Stufenunterschiede und berechnen daraus den Stufenwert für den Veränderlichen V.

Zugegeben: Die sich dabei ergebenden Werte sind meist gleich den früher erhaltenen Werten, vor allem bei Beobachtern, die durch Übung zu einem recht konstanten Stufenwert gekommen sind. Aber nehmen wir einmal an, irgendeine Beobachtung sah so aus:

1973 Juli 31   a 5 V   V 0 b

Dann würden wir nach der alten Methode für V $4,25^{st}$ erhalten haben. Es ist nun $S_A = \frac{3,5}{5,0} = 0,7$. Damit korrigiert ergibt sich a 3,5 V   V 0 b oder für V die Stufenhelligkeit $3,5^{st}$. Man kann also mit dieser Methode „Ausreißer" in den Beobachtungen korrigieren. Gibt man

Bild 44. Die Erstellung einer Lichtkurve für einen Veränderlichen Stern

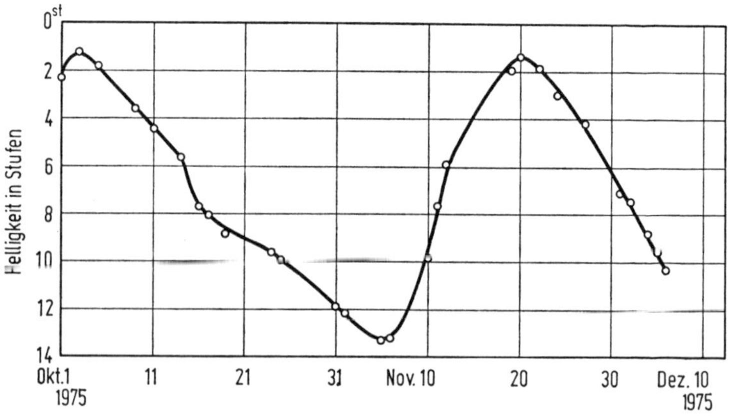

außerdem wie früher der zweiten Beobachtung dreifaches Gewicht, dann würde für V ebenfalls 3,5st herauskommen.
Jetzt sind wir soweit, daß wir die Beobachtungen graphisch wiedergeben können. Auf einem Bogen Millimeterpapier tragen wir auf der Waagerechten, also von links nach rechts die Zeitskala auf. In unserem Beispiel werden wir also mit 1975 Okt. 1 beginnen und mit Dez. 6 enden. Auf der Senkrechten wird die Helligkeit in Stufen aufgetragen, die großen Helligkeiten oben, die geringen Helligkeiten unten. Dazu benutzen wir die Stufenskala. Welchen Maßstab wir wählen, hängt von der Helligkeitsschwankung des Veränderlichen und dem Zeitraum der Beobachtungen ab. Ist die Amplitude der Helligkeitsschwankung sehr groß, geben wir für eine Stufe vielleicht nur 1–2 mm auf der Senkrechten und bei einem langen Beobachtungszeitraum nur 1 mm pro Tag auf der Waagrechten. Bei flachen Helligkeitschwankungen können wir auch 1 cm = 1 Stufe setzen, bei kurzen Beobachtungsreihen 1 cm oder mehr pro Tag, bei kurzperiodischen Bedeckungsveränderlichen vielleicht 1 cm pro Stunde, bei den Flare-Sternen unter Umständen sogar nur 1 mm pro Minute.
In unser Diagramm tragen wir nun alle Beobachtungswerte als Punkte oder kleine Kreuze ein. Natürlich werden wegen der Beobachtungsfehler, aber auch gelegentlich wegen echter Abweichungen, die Werte wiederum nicht auf einer glatten Kurve liegen. Wir ziehen also eine mittlere Kurve hindurch, eben die erstrebte Lichtkurve. Wir bestimmen daraus die Zeiten für das Lichtmaximum und -minimum. Ferner kann von einem Maximum zum nächsten Maximum auch, falls es sich um einen periodischen Veränderlichen handelt, die Periodenlänge bestimmt werden. Um für diese jedoch einen zuverlässigen Wert zu erhalten, sollte man aus langfristigen Beobachtungen einen mittleren Wert ableiten. Andererseits: Viele Veränderliche, z. B. die langperiodischen Mirasterne, halten ihre Periodenlänge nicht streng ein, und es kann gerade eine lohnende Aufgabe sein, solche Abweichungen aufzufinden. Bei Veränderlichen, deren Perioden viele Wochen oder sogar Monate betragen, also bei den langperiodischen δ Cephei-Sternen und besonders bei den Mirasternen, genügt jeweils eine Beobachtung pro Nacht. Bei kurzperiodischen Veränderlichen, also z. B. bei δ Cephei-Sternen mit Perioden unter etwa 14 Tagen, oder kurzperiodischen Bedeckungsveränderlichen wie Algol im Perseus, sollte man möglichst innerhalb

einer einzigen Nacht mehrere Beobachtungen sammeln, während des Hauptminimums eines Sterns wie Algol sogar unter Umständen alle 20 bis 30 Minuten.

Oft wird es bei solchen Sternen überhaupt nicht möglich sein, innerhalb einer einzigen Lichtwechselperiode genügend Beobachtungen zu sammeln – schon allein wegen der unvermeidlichen Schlechtwetterlücken. In solchen Fällen kann man die Beobachtungen, die während eines längeren Zeitraums aus ganz verschiedenen Zyklen zusammengetragen wurden, auf eine einzige Periode reduzieren. Dazu muß man allerdings einer Tabelle den Periodenwert (s. Literaturverzeichnis) entnehmen. Nun rechnet man von einem Termin nahe der Mitte der Beobachtungsreihe ausgehend mit diesem Periodenwert zeitlich vor- und rückwärts und ordnet jede Einzelbeobachtung der gleichen Phase der Periode zu. Ist also z. B. die Ausgangsbeobachtung 1975 Okt. 15,92 gewesen (man sollte hier die Uhrzeit in Tagesbruchteile umrechnen) und beträgt die Periode 2,88 Tage, so hätte eine Beobachtung am Okt. 18,80 oder auch am Okt. 13,04 dieselbe Stelle oder Phase innerhalb der Gesamtperiode. Die Zwischentermine lassen sich dann ebenfalls leicht rechnerisch einordnen. Schließlich zeichnen wir wiederum eine Lichtkurve unseres Veränderlichen – diesmal eben auf eine einzige Periode reduziert.

Bei einer objektiven Beurteilung der Helligkeitsschätzungen an Sternen gibt es allerdings noch einige Punkte zu berücksichtigen. Am heimtückischsten ist

1. die Extinktion. Die scheinbare Helligkeit der Sterne ist um so geringer, je tiefer ein Stern über dem Horizont steht, da der Lichtstrahl dann längere Wege durch die Erdatmosphäre zurücklegt. Unter etwa 20° bis 25° Höhe über dem Horizont nimmt die Extinktion so schnell zu, daß man auf Beobachtungen, es sei denn in Sonderfällen, ganz verzichten sollte. Aber auch in Höhen über 25° ist die Extinktion noch zu berücksichtigen. Nur in dem allerdings selteneren Fall, daß Veränderlicher und Vergleichsstern dieselbe Höhe haben, kann die Extinktion vernachlässigt werden. Dasselbe gilt auch für den Fall, daß beide Sterne höchstens 40° vom Zenit entfernt stehen, also eine Höhe über 50° haben. In diesem Bereich sind die Extinktionsunterschiede zwischen dem Veränderlichen und dem Vergleichsstern in jedem Falle kleiner als $0{,}06^m$ oder rund ²/₃ Stufe.

Die nachstehende Tabelle gibt die mittlere Extinktion nach Beobachtungen in Potsdam, also im Flachland.

Tabelle: Die mittlere Extinktion im Flachland

Zenitdistanz	Höhe über dem Horizont	Extinktion	Zenitdistanz	Höhe über dem Horizont	Extinktion
0°	90°	$0{,}00^m$	64°	26°	$0{,}30^m$
20°	70°	$0{,}01^m$	66°	24°	$0{,}34^m$
30°	60°	$0{,}03^m$	68°	22°	$0{,}39^m$
35°	55°	$0{,}04^m$	70°	20°	$0{,}45^m$
40°	50°	$0{,}06^m$	72°	18°	$0{,}52^m$
45°	45°	$0{,}09^m$	74°	16°	$0{,}60^m$
50°	40°	$0{,}12^m$	75°	15°	$0{,}65^m$
55°	35°	$0{,}17^m$	76°	14°	$0{,}71^m$
60°	30°	$0{,}23^m$	77°	13°	$0{,}77^m$
62°	28°	$0{,}26^m$	78°	12°	$0{,}83^m$

Die Höhen eines Gestirns über dem Horizont können wir mit einiger Genauigkeit mit Hilfe des beigefügten Diagramms bestimmen, das allerdings strenggenommen für 50° nördl. Breite gilt. Den Stundenwinkel des Objekts entnehmen wir am einfachsten einer drehbaren Sternkarte. Der Stundenwinkel ist dabei der Zeitunterschied zum Meridiandurchgang im Süden, d. h. seiner oberen Kulmination. Berechnen läßt er sich nach der Formel

$$\text{Stundenwinkel} = \text{Sternzeit minus Rektaszension des Sterns}$$

oder abgekürzt $\tau = \Theta - \alpha$.

Hier muß jedoch auf die einführende Literatur über sphärische Astronomie verwiesen werden (z. B. Herrmann, Gesetze des Weltalls, Stuttgart, 1969). Der Vollständigkeit wegen sei hier aber noch die Formel zur Berechnung der Sternhöhe gegeben:

$$\sin h = \sin \delta \cdot \sin \varphi + \cos \delta \cdot \cos \tau \cdot \cos \varphi.$$

Dabei ist h die Sternhöhe über dem Horizont, δ die Deklination des Sterns, φ die geographische Breite des Beobachtungsortes und τ der Stundenwinkel des Sterns.

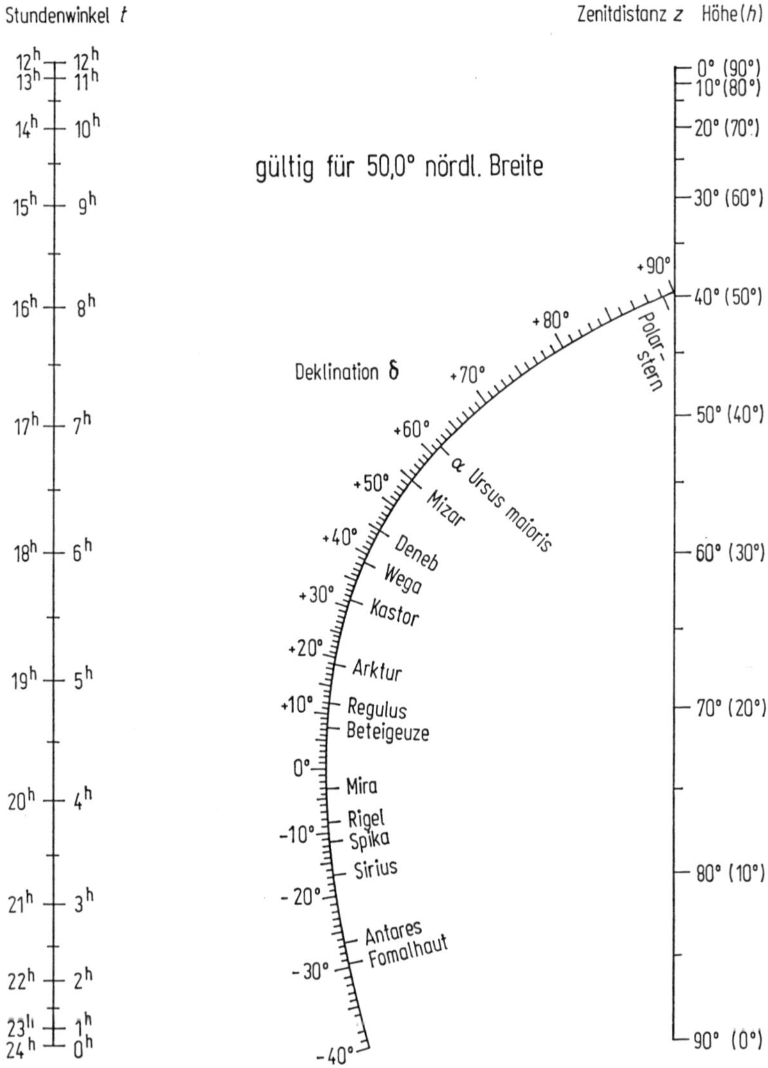
Stundenwinkel t
Zenitdistanz z Höhe (h)
gültig für 50,0° nördl. Breite
Deklination δ
12h 12h
13h 11h
14h 10h
15h 9h
16h 8h
17h 7h
18h 6h
19h 5h
20h 4h
21h 3h
22h 2h
23h 1h
24h 0h
0° (90°)
10° (80°)
20° (70°)
30° (60°)
40° (50°)
50° (40°)
60° (30°)
70° (20°)
80° (10°)
90° (0°)
+90°
+80°
+70°
+60°
+50°
+40°
+30°
+20°
+10°
0°
-10°
-20°
-30°
-40°
Polar-stern
α Ursus maioris
Mizar
Deneb
Wega
Kastor
Arktur
Regulus
Beteigeuze
Mira
Rigel
Spika
Sirius
Antares
Fomalhaut

Bild 45. Mit diesem Diagramm können aus Stundenwinkel und Deklination eines Gestirns Zenitdistanz oder Höhe über dem Horizont ermittelt werden.

Beispiel der Reduktion einer Beobachtung wegen Extinktion:
Die Beobachtung lautete a 3 V. Die Höhe des Vergleichssterns a über dem Horizont sei 30° gewesen, die des Veränderlichen V 25°. Damit ist die mittlere Extinktion für Stern a $0{,}23^m$, für V $0{,}32^m$. V erscheint also gegenüber a um $0{,}09^m$ geschwächt. Der Umrechnungswert unserer „Stufe" in Größenklassen sei von anderen Beobachtungen zu $0{,}09^m$ ermittelt worden. Dann muß unsere Beobachtung auf a 2 V korrigiert werden.
Das Heimtückische bei der Extinktion ist nun, daß sie sich nicht nur mit der Höhe über dem Meeresspiegel ändert, sondern auch mit der Wetterlage. Besonders unberechenbar ist die Extinktionswirkung von Dunst, der sich gerade nahe dem Horizont stark bemerkbar macht. Diese Unsicherheiten sind es auch in erster Linie, weshalb man Helligkeitsschätzungen unter 20°–25° Höhe möglichst vermeiden soll. In jedem Falle sollten wir in unserem Beobachtungsbuch genau vermerken, ob eine ungewöhnliche atmosphärische Situation zur Beobachtungszeit vorlag. Wir werden dann später bei der Bearbeitung der Schätzungen besser beurteilen können, wie verläßlich die Helligkeitswerte sind und ob man vielleicht einen offensichtlichen „Ausreißer" aus der Beobachtungsreihe ganz entfernen oder zumindest mit einem geringeren Gewicht versehen soll.
2. Luftunruhe (Szintillation). Das Flackern der Sterne kann gelegentlich gleichfalls die Genauigkeit der Schätzungen stark beeinträchtigen. Man gibt die Stärke der Luftunruhe meist in einer fünfteiligen Skala an. Bei 0 zeigen die Sterne, auch näher am Horizont, kein Flackern, bei 5 ist das Szintillieren so stark, daß der Stern gelegentlich regelrecht zu „zerplatzen" scheint. Helligkeitsschätzungen, die bei stärkerer Luftunruhe durchgeführt wurden, kann bei der Bearbeitung der Beobachtungen ein geringeres „Gewicht" gegeben werden.
3. Starke Farbunterschiede zwischen den zu vergleichenden Sternen führen häufig zu systematischen Schätzfehlern, die man als Purkinje-Phänomen bezeichnet (nach dem Naturforscher J. E. Purkinje, 1787 bis 1869). Dabei wird ein schwacher Stern, der mehr kurzwelliges Licht aussendet, also weiß bis bläulich erscheint, vom menschlichen

Auge heller beurteilt als ein gleich heller Stern, der stärker im langwelligen, also roten Bereich strahlt. Dieser Effekt wirkt sich bei Beobachtungen mit kleineren Fernrohren stärker aus als bei der Benutzung großer Instrumente. Daher sollte man die Schätzungen an Veränderlichen Sternen möglichst stets mit dem gleichen Instrument vornehmen. Ist es unumgänglich, das Fernrohr zu wechseln, z. B. bei sehr starken Helligkeitsschwankungen des Veränderlichen, sollte man zu Vergleichszwecken über eine gewisse Zeitspanne mit beiden Fernrohren Schätzungen vornehmen. Ferner sollte man schon bei der Auswahl der Vergleichssterne darauf achten, daß ihre Farbe möglichst nicht erheblich von der des Veränderlichen abweicht.

4. *Störendes Nebenlicht* bei den Beobachtungen sollte strikt vermieden werden. Benachbarte Straßenlampen können ebenso zu ungenauen Schätzungen führen wie heller Mondschein oder eine Restdämmerung. Wenn es irgendwie geht, sollte man daher die Beobachtungen nach Monduntergang oder vor Mondaufgang usw. durchführen. Ansonsten muß der Vermerk „Mondschein" oder „Dämmerung" ins Beobachtungsbuch, damit später wieder das „Gewicht" der Schätzwerte beurteilt werden kann.

Einige ausgewählte Beispiele von Veränderlichen, die von Sternfreunden beobachtet werden können

Bedeckungsveränderliche

Diese Gruppe veränderlicher Sterne umfaßt enge, im Fernrohr untrennbare Doppelsterne, die von der Erde aus gesehen gegenseitige Bedeckungen und Verfinsterungen durchlaufen. Am bekanntesten ist Algol im Perseus (β Persei). Im Maximum ist dieser Stern $2{,}2^m$ hell. Dann fällt die Helligkeit innerhalb von etwa 4,9 Stunden auf $3{,}5^m$

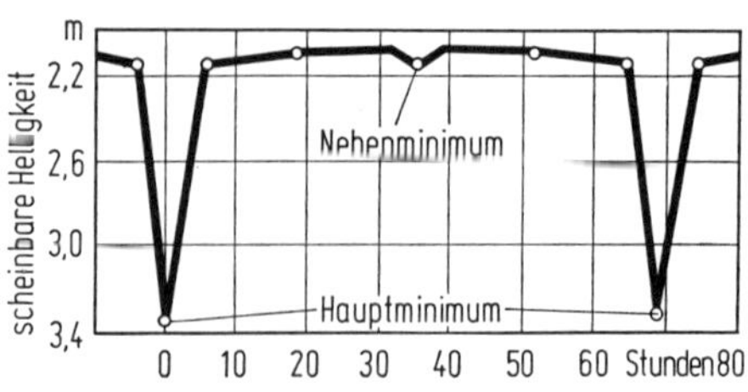

Bild 46. So verändert sich die Helligkeit des Bedeckungsveränderlichen Algol im Perseus. Die kleine Aufsuchungskarte (oben rechts) enthält auch die Helligkeiten einiger Vergleichssterne

ab, verbleibt etwa 20 Minuten im Minimum und steigt innerhalb von 4,9 Stunden auf die ursprüngliche Helligkeit an. Dieses sogenannte Hauptminimum tritt ein, wenn die schwächere Komponente einen Teil der helleren Komponente bedeckt. Zwischen den Hauptminima liegt ein Nebenminimum, das bei der Bedeckung des schwächeren Sterns entsteht. Seine Tiefe beträgt nur knapp $0{,}1^m$, so daß man es kaum

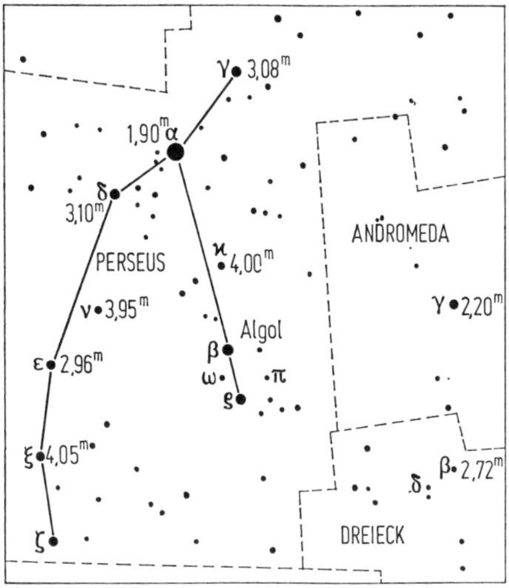

wird beobachten können: Es wird in den Beobachtungsfeldern „ertrinken". Die Zeiten der Algol-Minima werden in mehreren astronomischen Jahrbüchern veröffentlicht. Nicht alle Algol-Minima können beobachtet werden, da viele in die hellen Tagesstunden oder in eine Zeit fallen, in der Algol nahe dem Horizont steht. Die besten Beobachtungsmöglichkeiten ergeben sich im Herbst und Winter. Damit der Leser auch selbst Algol-Minima ausrechnen kann, seien hier die Elemente mitgeteilt. Man gibt dabei den Zeitpunkt eines Minimums an, und zwar im Julianischen Datum (J. D.), und die Periodenlänge in Bruchteilen von Tagen. Das Julianische Datum wird vom 1. 1. 4713 v. Chr. 12^h Weltzeit (WZ) = 13^h Mitteleuropäische Zeit (MEZ) fortlaufend gezählt. Für gegenwärtige Daten kann die Tabelle benutzt werden. Viele astronomische Jahrbücher bringen die Julianischen Daten.

Tabelle: Julianische Daten

Zahl der seit dem 1. 1. 4713 v. Chr. 12^h WZ verflossenen Tage	
1. Jan. 1981 12^h WZ 2 444 605	1. Jan. 1986 12^h WZ 2 446 431
1. Jan. 1982 12^h WZ 2 444 970	1. Jan. 1987 12^h WZ 2 446 796

Tabelle: Julianische Daten

Zahl der seit dem 1. 1. 4713 v. Chr. 12^h WZ verflossenen Tage

1. Jan. 1983 12^h WZ 2 445 335	1. Jan. 1988 12^h WZ 2 447 161
1. Jan. 1984 12^h WZ 2 445 700	1. Jan. 1989 12^h WZ 2 447 527
1. Jan. 1985 12^h WZ 2 446 066	1. Jan. 1990 12^h WZ 2 447 892

Man beachte, daß ein neuer „Julianischer Tag" nicht um 0^h WZ oder MEZ, sondern um 12^h WZ = 13^h MEZ beginnt!

Zur Umrechnung von Uhrzeiten und -minuten in Tagesbruchteilen: Es ist $1^h = 0{,}0417^d$ $1^m = 0{,}0007^d$ $1^s = 0{,}000012^d$

Die Elemente für Algol lauten nach „Rocznik Astronomiczny 1973" (Krakau):

$$\text{Min.} = \text{J.D. } 2\,440\,999{,}343 + 2^d{,}86731 \cdot \text{Zahl der Perioden.}$$

In Stunden ausgedrückt beträgt die Periode von Algol also $2^d20^h48^m55{,}^s5$. Hier sei noch ein Minimum im Herbst 1984 angegeben, von dem aus gleichfalls mit obigem Wert weitergerechnet werden kann: 1984 Dez. 19 22^h50^m MEZ.

Ein anderer gut beobachtbarer Veränderlicher ist β Lyrae (in der Leier). Dieser rund 1000 Lichtjahre entfernte Stern zeigt eine Lichtwechselperiode von 12,908 Tagen. Die Amplitude reicht von $3{,}4^m$ bis $4{,}5^m$, also über 1,1 Größenklassen. Im Gegensatz zu Algol zeigt β Lyrae dauernde Helligkeitsschwankungen. Algol ist im Maximum nahezu konstant gleich hell. β Lyrae durchläuft in einer fast sinusartigen Kurve das Maximum, um sogleich auf ein deutliches Nebenminimum abzusinken, das bei $3{,}9^m$ liegt und daher – wiederum im Gegensatz zu Algol – auch leicht mit Amateurmitteln festzustellen ist.

Einen besonders extremen Fall eines Bedeckungsveränderlichen stellt ε Aurigae (im Fuhrmann) dar. Hier dauert die Periode 27,059 Jahre. Das Maximum liegt bei $3{,}1^m$, das Minimum bei $3{,}8^m$. Ein Minimum war am 29. Juni 1982 und dauerte dann 754 Tage. Davon entfielen auf den Abstieg und Aufstieg je 197 Tage, so daß die Dauer des konstanten Minimallichts 360 Tage betrug.

Ebenfalls eine sehr lange Periode hat ζ Aurigae mit 972 Tagen. Allerdings schwankt die Helligkeit nur zwischen $3{,}9^m$ und $4{,}2^m$. Ein Minimum tritt ein zwischen dem 20. März und dem 28. April 1985. Dabei dauert der Abstieg vom Maximum zum Minimum nur 0,8 Tage.

Die Beobachtung von Bedeckungsveränderlichen hat übrigens nicht nur einen „privaten Entdeckerreiz“ für den Sternfreund. Genauere Bestimmungen der Zeitpunkte der Minima und damit der Periodenlänge können unter Umständen sogar wissenschaftlich wertvoll sein, da es bei den Bedeckungssternen durchaus auch Periodenänderungen gibt, deren Ursachen vor allem in einer Drehung der großen Bahnhalbachse (Apsidendrehung) sowie in Störungen durch weitere Komponenten in einem mehrfachen System zu suchen sein können.

Cepheidensterne

Hauptvertreter dieser wichtigen Gruppe Veränderlicher Sterne ist δ Cephei (im Sternbild Cepheus). Bei ihnen handelt es sich um pulsierende Sterne. δ Cephei erreicht im Maximum eine Helligkeit von $3{,}7^m$, im Minimum sinkt er auf $4{,}6^m$. Die Periode beträgt 5,37 Tage. Dabei dauert der Helligkeitsanstieg vom Minimum zum Maximum knapp 1½ Tage, der Abstieg dagegen 4 Tage. Die Elemente dieses Sterns lauten:

Min. = J.D. 2422416,45 + $5^d{,}366341$ · Zahl der Perioden.

Die Cepheiden umfassen Sterne von 2 bis 50 Tagen Periode. Einige haben keine asymmetrische Lichtkurven wie δ Cephei, son-

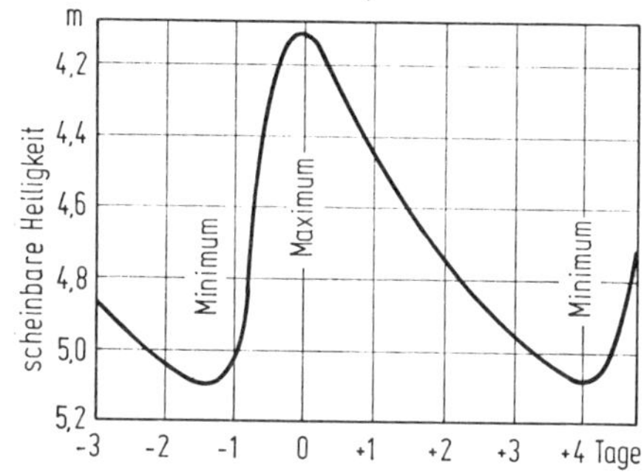

Bild 47. Lichtkurve des pulsierenden Veränderlichen δ Cephei (oben) und Aufsuchungskarte mit Angabe von Helligkeiten (unten)

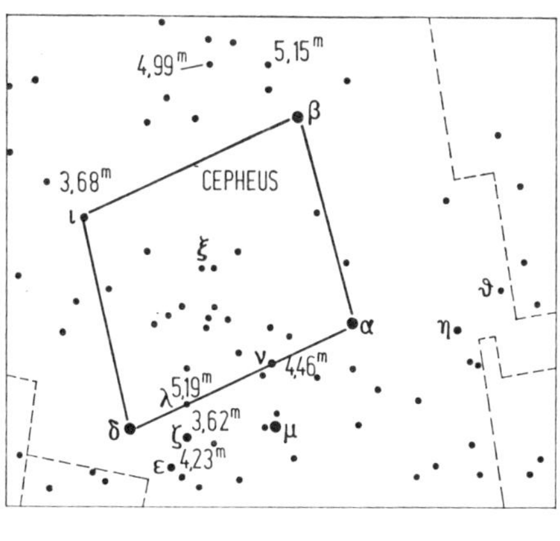

dern zeigen eine mehr sinusartige Lichtkurve. Häufiger sind „Buckel" im absteigenden Ast der Lichtkurve. Bekannte Cepheiden sind auch noch:

η Aquilae (Sternbild Adler). Amplitude $3{,}7^m$ bis $4{,}4^m$. Elemente: Min. = J.D. 2 422 414,27 + $7^d{,}176641$ · Zahl der Perioden.

ζ Geminorum (Sternbild Zwillinge). Amplitude $3{,}7^m$ bis $4{,}1^m$. Elemente: Min. = J.D. 2 422 415,63 + $10^d{,}15082$ · Zahl der Perioden.

Auch zwischen etwa 0,06 Tagen und 1 Tag gibt es pulsierende Veränderliche, die RR Lyrae-Sterne. Die meisten sind jedoch lichtschwach. RR Lyrae (in der Leier) selbst schwankt zwischen $6{,}9^m$ und $8{,}0^m$. Die Lichtelemente lauten: Min. = J.D. 2 422 413,875 + $0^d{,}566830$ · Zahl der Perioden. Der Aufstieg vom Minimum zum Maximum dauert nur 2^h35^m. Mit einem kleinen Fernrohr kann der Lichtwechsel dieses Sterns also innerhalb einer einzigen Nacht recht gut verfolgt werden.

Mirasterne

Der Stern Mira im Walfisch (o Ceti) war der erste Veränderliche, der in der Geschichte der Astronomie überhaupt entdeckt wurde (David Fabricius, 1596). Das liegt an der gewaltigen Helligkeitsamplitude dieses Sterns. Im Maximum erreicht er ungefähr 3^m, manchmal aber auch etwa 2^m oder auch nur 4^m. Die Maximalhelligkeit ist also recht unterschiedlich. Im Minimum kann er aber längst nicht mehr mit bloßem Auge beobachtet werden und sinkt auf etwa 10^m ab. Auch die Minimumshelligkeit ist nicht konstant, schwankt aber nicht so stark wie die Helligkeit im Maximum. Die Periode wird augenblicklich meist mit 331,65 Tagen angegeben, ist aber ebenfalls keineswegs konstant.

Im Gegensatz zu den δ Cephei-Sternen, die meist gelbe Überriesen sind, zählen die Mirasterne zu den roten Riesen. Auch bei ihnen kommen Pulsationen vor. Doch damit allein können die großen Amplituden dieser Sterne nicht erklärt werden. Möglicherweise spielen auch Trübungen in den äußeren Atmosphäreschichten eine Rolle. Die Perioden der Mirasterne liegen zwischen etwa 10 und 800 Tagen.

Tafel 5: Marszeichnungen nach W. H. Haas, beobachtet an einem Refraktor von 18 Zoll Öffnung und 300facher Vergrößerung

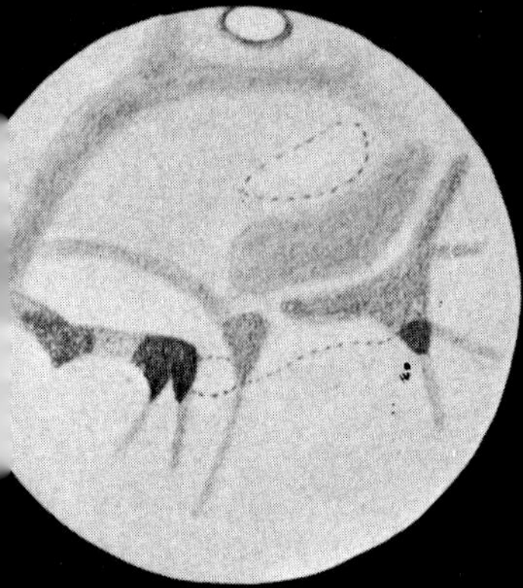
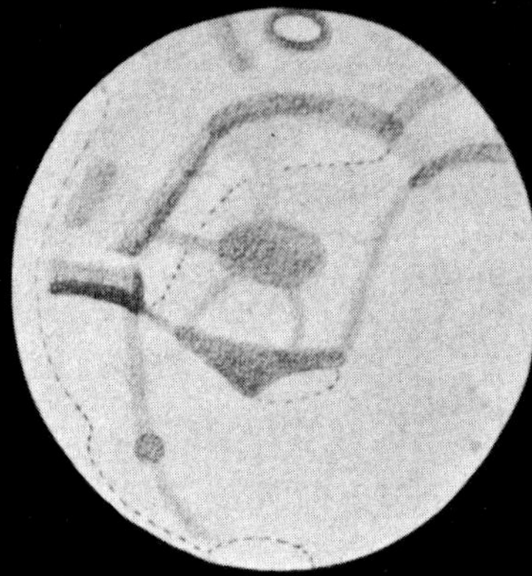
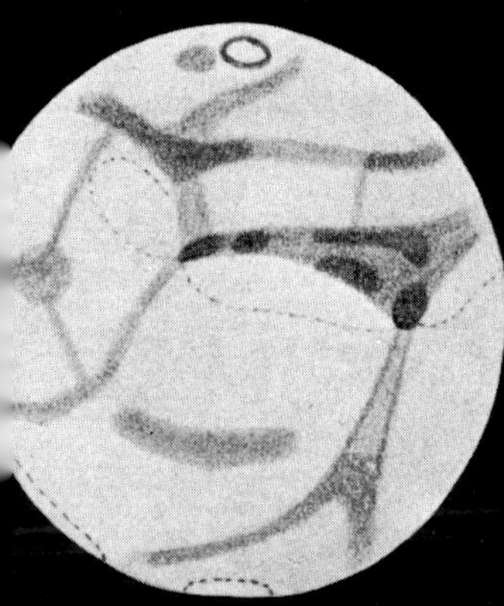
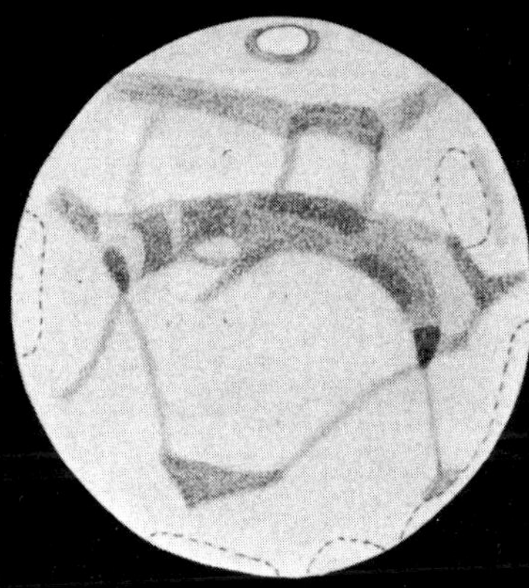
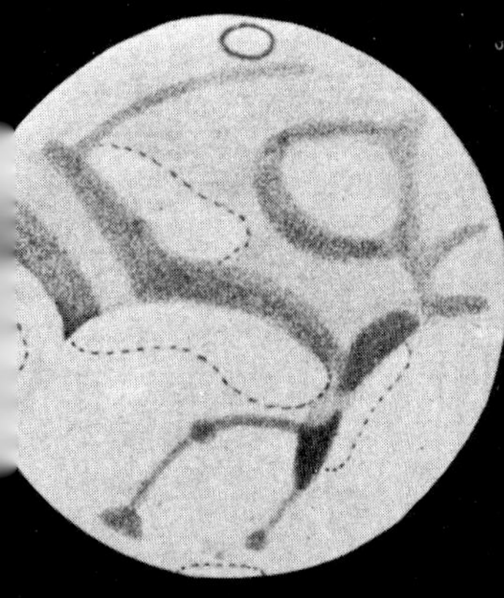
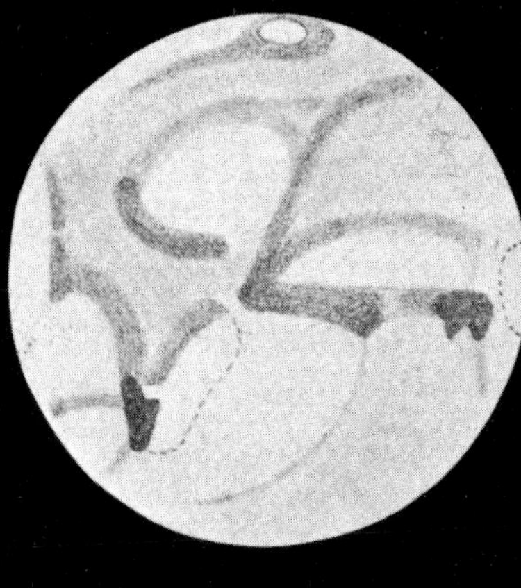

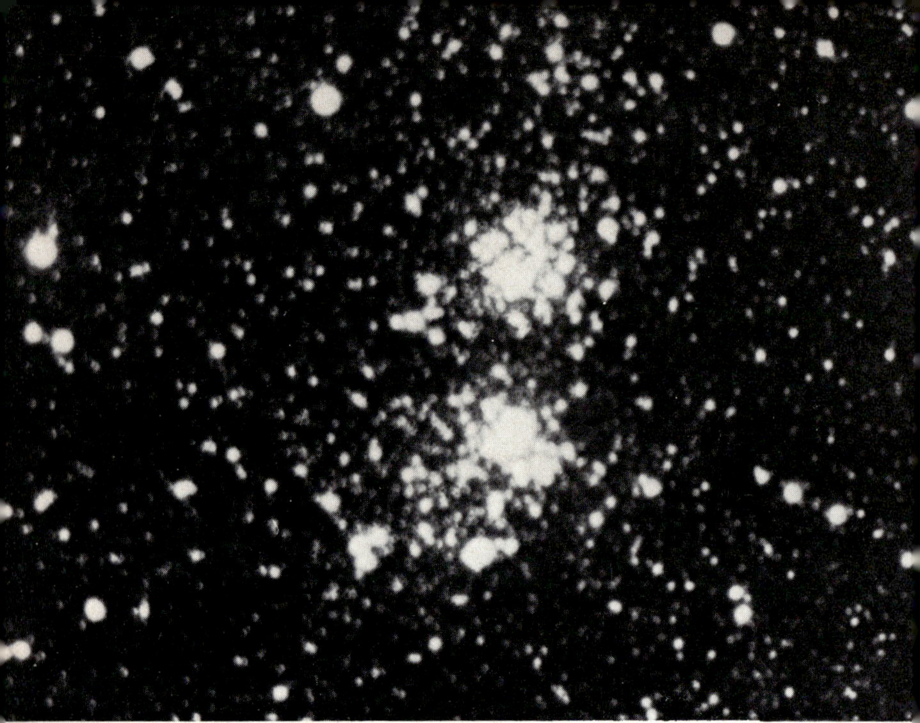

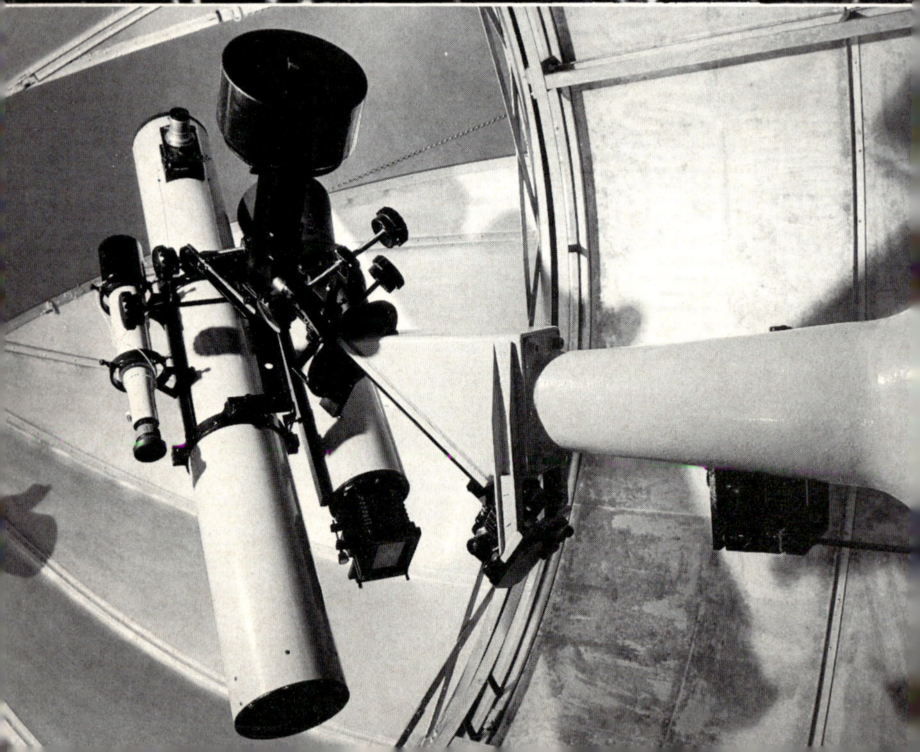

Weitere bekannte Beispiele von Mirasternen sind:
R Andromedae (Sternbild Andromeda). Amplitude 5,8″ bis 14,9^{m}. Periode 409 Tage.
R Aquilae (Sternbild Adler). Amplitude 5,7^{m} bis 12,0^{m}. Periode 293 Tage. Die Periode dieses Sterns ist stark veränderlich. Bei seiner Auffindung 1856 als Veränderlicher betrug sie noch 348 Tage. Bis 1935 verkürzte sie sich auf 302 Tage und nimmt auch heute noch ab, und zwar pro Periode um etwa einen halben Tag. Die Abnahme verlangsamt sich allerdings. Berechnungen zeigen, daß der kleinste Wert der Periode mit 210 Tagen um das Jahr 2250 erreicht werden könnte.
χ Cygni (Sternbild Schwan). Amplitude 3,3^{m} bis 14,2^{m}. Periode 406,84 Tage.
R Hydrae (Sternbild Wasserschlange). Amplitude 3,5^{m} bis 10,9^{m}. Die Periode ist sehr starken Schwankungen unterworfen. So betrug diese zwischen 1903 und 1923 405 Tage, von 1923 bis 1935 415 Tage, von 1935 bis 1941 400 Tage und von 1941 bis 1962 386 Tage. Wahrscheinlich ändert sich die Periode sprunghaft.
R Leonis (Sternbild Löwe). Amplitude 4,4^{m} bis 11,3^{m}. Periode 312,57 Tage.
R Trianguli (Sternbild Dreieck). Amplitude 5,5^{m} bis 12,6^{m}. Periode 266,40 Tage.

Unregelmäßige und halbregelmäßige Veränderliche

Unter den roten Riesensternen gibt es viele, deren Helligkeit unregelmäßig oder halbregelmäßig schwankt. Bekanntester Fall ist μ Cephei, „Herschels Granatstern“. Seine Helligkeit schwankt zwischen etwa 3,6^{m} und 5,1^{m}. Weitere Beispiele sind:
η Geminorum (Sternbild Zwillinge). Amplitude 3,1^{m} bis 3,9^{m}. Halbregelmäßige Periode etwa 233 Tage.
ϱ Persei (Sternbild Perseus). Amplitude 3,9^{m} bis 5,0^{m}. Halbregel-

Tafel 6: Links: Beispiel einer Privatsternwarte mit 130 mm-Newton-Spiegel und Astro-Kamera (Martin Dilling, Ferndorf). – Rechts: Der Doppelsternhaufen h/χ im Sternbild Perseus

mäßig. Periode etwa 30–55 Tage, überlagert von einer Periode von 1100 Tagen.
R Lyrae (Sternbild Leier). Amplitude $3,9^{m}$ bis $5,0^{m}$. Halbregelmäßig. Periode etwa 46 Tage.
α Scorpii (Antares im Sternbild Skorpion). Amplitude $0,9^{m}$ bis $1,8^{m}$. Halbregelmäßig. Periode etwa 1733 Tage.
Einen besonderen Fall bildet γ Cassiopeiae (im Sternbild Cassiopeia). Er ist ein bläulichweißer Überriese mit sehr seltsamen Helligkeitsschwankungen, die mit der Ausstoßung von Licht emittierenden Wolken zusammenhängen („Hüllensterne“). Er war 1937 auf $1,9^{m}$ angestiegen, 1940 war die Helligkeit auf $3,1^{m}$ abgefallen, um 1949 wieder $2,7^{m}$ und 1965 sogar $2,1^{m}$ zu erreichen.

UV-Ceti-Sterne („flare stars“)

Hierbei handelt es sich um einige rote Zwergsterne, die kurzzeitige Helligkeitsausbrüche um zum Teil mehrere Größenklassen zeigen, die auf Eruptionen („flares“) zurückgehen, wie sie in allerdings bedeutend geringerem Maß auch auf der Sonne vorkommen. Die Ausbrüche treten völlig unregelmäßig auf und dauern oft nur wenige Minuten. Außerdem sind diese Sterne meist ohnedies ziemlich lichtschwach, so daß sie erst sehr spät als Gruppe Veränderlicher entdeckt wurden. Trotzdem haben vor allem in Australien auch schon einige Amateurastronomen sie auf ihr Überwachungsprogramm gesetzt.
Der Hauptvertreter UV Ceti hat die Position $\alpha = 1^{h}36,4^{m}$ $\delta = 18^{0}13'$. Im Minimum ist er nur etwa 12^{m} bis 13^{m} hell. Sein bisher stärkster Ausbruch erfolgte am 25. September 1952. Die Helligkeit stieg damals in wenigen Minuten auf $6,8^{m}$ an, um während der folgenden zwei Stunden mit Schwankungen auf die Normalhelligkeit abzusinken.

Novae

sind Objekte, bei deren Überwachung der Amateur sehr häufig schöne Erfolge erzielen kann. Astronomische Zeitschriften und Zirkulare melden die Neuentdeckung einer Nova, die dann weiter verfolgt werden kann. Die eigentliche Entdeckung einer Nova, also des starken

Helligkeitsausbruchs eines Sterns, ist allerdings im Zeichen einer umfangreichen fotografischen Himmelsüberwachung mit lichtstarken Instrumenten heute nur noch in Ausnahmefällen für Amateure möglich (z. B. bei der Nova Cygni im August 1975). Supernovae treten in unserem eigenen galaktischen System zu selten auf bzw. sind in anderen Galaxien meist verhältnismäßig lichtschwach, so daß sie für die Amateurbeobachtung nur gelegentlich in Betracht kommen. Novae oder Supernovae beobachte man bei jeder sich bietenden Gelegenheit. Ihr Helligkeitsanstieg, der in der Regel nur beobachtet werden kann, ist oft von Schwankungen unterbrochen. Manchmal kommt es auch vor, daß die Helligkeit vorübergehend erneut wieder ansteigt.
Zum Schluß sei noch darauf verwiesen, daß die heute überall für wenig Geld erhältlichen Taschencomputer gerade bei der Bearbeitung der Beobachtung veränderlicher Sterne sehr von Nutzen sein können. Sicher wird der findige Amateur derartige Anwendungen aber auch in anderen Bereichen entdecken. Einige Rechenprogramme vermitteln die *Vereinigung der Sternfreunde* (s. Seite 183), bzw. die astronomischen Zeitschriften.

Die Beobachtung künstlicher Erdsatelliten

In den ersten Jahren, in denen künstliche Erdsatelliten unseren Heimatplaneten umkreisten, also etwa zwischen 1957 und 1965, spielte die Beobachtung dieser „Kunstmonde“ bei den Amateurastronomen eine große Rolle. Teilweise hatten sich Sternfreunde sogar zu Beobachtungsteams zusammengeschlossen, um wissenschaftlich wertvolle Daten über den Bahnverlauf der Satelliten zu erhalten.

Inzwischen hat sich die Situation gründlich geändert: Rings um den Erdball existieren zahlreiche bestens ausgerüstete Satellitenüberwachungsstationen, die teils optisch (meist fotografisch), teils funktechnisch arbeiten. Der Amateurastronom mit seinem einfachen optischen Instrumentarium ist heute nicht mehr in der Lage, irgendwelche nennenswerten wissenschaftlichen Beiträge auf diesem Gebiet zu leisten, es sei denn, es handele sich um Beobachtungen kurz vor dem Absturz eines Satelliten. Aber hierbei treten bereits die ersten Schwierigkeiten auf: Inzwischen gibt es ja schon Tausende künstlicher Satelliten. Regelmäßige Unterlagen über ihre Flugbahnen (Satelliten-Ephemeriden) werden beispielsweise von der amerikanischen NASA oder dem Goddard Space Flight Center nur noch an ausgewählte und regelmäßig mitarbeitende Stationen ausgegeben. Dem Sternfreund ist es meistens unmöglich, die Sichtbarkeitszeiten der Satelliten zu erfahren. Hinzu kommen noch die militärischen Satelliten, die meist zu Aufklärungszwecken gestartet und deren Bahndaten ohnedies nicht an private Personen weitergegeben werden.

Es sollen daher an dieser Stelle nur einige allgemeine Angaben über die Bahnen künstlicher Erdsatelliten gemacht werden, vor allem für den Fall, daß ein Amateur ein „verdächtiges Objekt“ sieht, das möglicherweise ein Satellit sein könnte.

Wegen der Wirkung unserer Erdatmosphäre ist eine Satellitenbahn im allgemeinen erst dann einigermaßen stabil, wenn ihre Höhe über der Erdoberfläche mindestens 170 km beträgt. Selbst dann noch ist mit einem baldigen Absturz des Satelliten bzw. seinem Verglühen in der Erdatmosphäre zu rechnen. Je höher die Satellitenbahn liegt, desto länger ist die Lebensdauer des Satelliten. Bei einer Flugbahn außerhalb der Erdatmosphäre (etwa 5000 bis 10 000 km Abstand und mehr) wird man mit einem nahezu dauernden Umkreisen unserer Erde rechnen dürfen. Bei Satelliten mit sehr großem Querschnitt, wie es beispielsweise bei den amerikanischen Ballonsatelliten Echo I und II der Fall war, wirkt sich auch noch der Strahlungsdruck der Sonne auf die Bahndaten aus. Ansonsten gibt es eine Reihe von Bahnstörungen, deren Ursachen zum Beispiel in der Abplattung der Erde liegen.
Maßgebend für die Sichtbarkeit eines Satelliten von Mitteleuropa aus ist neben der Bahnhöhe vor allem auch die Bahnneigung gegenüber dem Erdäquator. Ein Satellit, der genau über dem Äquator fliegen würde, dessen Bahnneigung also 0° wäre, könnte auch nur von der Äquatorzone aus beobachtet werden. Wie weit er nach Norden oder Süden sichtbar ist, hinge allein von seiner Umlaufshöhe ab. Würde z. B. die Flughöhe 200 km betragen, so stiege der Satellit von 10° nördlicher oder südlicher Breite aus gesehen nur noch maximal 5° hoch über den Horizont herauf. Wäre seine Flughöhe dagegen 1400 km, so könnte er von dort aus immer noch eine Höhe von über 40° über dem Horizont erzielen.
Je stärker die Neigung der Bahn gegenüber dem Äquator, von desto höheren nördlichen oder südlichen geographischen Breiten aus kann der Satellit beobachtet werden. Bei einer Bahnneigung von 50° kann der Satellit bis zum 50. nördlichen Breitengrad und zum 50. südlichen Breitengrad fliegen. Er wird also in jedem Falle auch von Mitteleuropa aus gesehen werden können. Ein Satellit mit einer Bahnneigung von 90° würde genau über die beiden Pole unserer Erde fliegen und wäre damit nach und nach von allen Teilen der Erde aus zu sehen.
Denken wir uns, wir würden von 50° nördlicher Breite aus beobachten, also etwa in Mainz oder Würzburg, so würden sich bei einer Auswahl bestimmter Bahnneigungen folgende Situationen ergeben:
1. Fall: Die Bahnneigung des Satelliten beträgt 40° gegenüber dem Erdäquator, seine Bahnhöhe 1000 km. Würde nun der Satellit gerade

den Nordpunkt seiner Bahn auf 40° Breite auf dem Meridian des Beobachtungsortes erreichen, so stünde der Satellit zu diesem Zeitpunkt etwa 35° hoch über dem Südhorizont. Einige Minuten früher erscheint er etwa über dem SW-Horizont und bewegt sich nach dem Meridiandurchgang weiter nach SO.

2. Fall: Die Bahnneigung beträgt 90°, die Flughöhe 400 km. Der Satellit möge genau über den Beobachtungsort hinwegfliegen, und zwar auf seinem Bahnast von Süden nach Norden, also vom Äquator zum Nordpol fliegend. Der Satellit würde bereits am Südhorizont auftauchen, wenn er sich noch auf etwa 30° nördlicher Breite befindet. Langsam steigt er am südlichen Himmel herauf und erreicht eine Winkelhöhe von 20° über dem Südhorizont beim Durchfliegen von 42° nördlicher Breite. Auf 48° nördlicher Breite angekommen, hat der Satellit von unserem Beobachtungsort aus schon eine Höhe von etwa 60° über dem Südhorizont erreicht. Schließlich wandert er über den Zenit hinweg und bewegt sich in ähnlicher Weise zum Nordhorizont herunter. Wäre der Satellit vom Nordpol in Richtung Äquator geflogen, wäre er am Nordhorizont aufgetaucht und hätte die Bahn in umgekehrter Reihenfolge durchflogen. Andererseits wäre die Flugbahn am Himmelsgewölbe etwas weiter nach Westen bzw. Osten versetzt gewesen, wenn der Satellit nicht genau über unseren Beobachtungsort geflogen wäre, sondern etwas weiter westwärts oder ostwärts.

Infolge der Erdrotation verschiebt sich die Projektion der Flugbahnen der Satelliten auf die Erdoberfläche von Umlauf zu Umlauf. Nicht bei jedem Umlauf wird also unser Beobachtungsbereich durchflogen. Schon dies schränkt die Sichtbarkeit eines Satelliten stark ein. Hinzu kommt natürlich noch die Helligkeit des Satelliten, die einmal von seiner Flughöhe, zum anderen aber auch von seiner Größe und Reflexionsfähigkeit sowie von anderen Faktoren abhängt.

Ganz allgemein kann davon ausgegangen werden, daß ein Satellit am hellen Taghimmel nicht zu beobachten ist. Es gibt nämlich keinen einzigen, der so hell ist, daß er sich vom hellen Taghimmel abheben könnte. Er ist ebensowenig am Tage zu beobachten wie ein Stern. Befinden wir uns aber auf der Nachtseite unserer Erde, kann es passieren, daß der Satellit sich durch den Schatten unseres Planeten bewegt und von der Sonne nicht mehr angestrahlt wird. Auch in diesen Fällen ist er nicht sichtbar.

Es ist leicht verständlich, daß die Verweilzeit eines Satelliten im Erdschatten um so länger ist, je tiefer seine Flugbahn ausfällt. Da weiter entfernte Satelliten aber wegen ihrer Lichtschwäche ohnedies nicht mit freiem Auge oder kleinen Instrumenten beobachtet werden können, wird man in der Regel davon ausgehen können, daß Satelliten nur in der Abend- oder Morgendämmerung bzw. zeitlich nicht allzuweit entfernt davon gesehen werden können. Lediglich in der Zeit um die Sommersonnenwende herum, wenn die Abenddämmerung ohnedies in die Morgendämmerung übergeht, sind Satelliten auch gegen Mitternacht zu sehen.

Es kommt gar nicht so selten vor, daß man das Eintauchen eines Satelliten in den Schatten der Erde beobachten kann. Fliegt etwa ein Satellit mit 50° Bahnneigung bei einer Abendsichtbarkeit von West nach Ost, so kann er häufig nur bis Südost, Süd oder vielleicht sogar in den späteren Abendstunden nur bis Südwest verfolgt werden. Für den Rest seiner Flugbahn ist er im Erdschatten unsichtbar. Umgekehrt ist es bei einer Morgensichtbarkeit. In diesem Falle würde der Satellit erst etwa im Südwesten oder Süden aus dem Schatten auftauchen und sichtbar nach Osten fliegen.

Die Winkelgeschwindigkeit, mit der ein Satellit am Himmel dahinfliegt, ist zwar in der Regel kleiner als die eines Flugzeugs. Doch gibt es durchaus bei hoch fliegenden Flugzeugen, die ohnedies nur noch als Lichtpunkte erscheinen, Überschneidungsfälle. Überhaupt besteht gar nicht so selten die Gefahr, hoch fliegende Flugzeuge mit Satelliten zu verwechseln. Man behaupte nicht, daß das Motorengeräusch uns eine Identifikation ermöglichen würde. In sehr vielen Fällen hören wir von einem hoch fliegenden Flugzeug überhaupt nichts mehr!

In den letzten 10 bis 30 Jahren waren es vor allem folgende Satelliten, die sehr leicht mit bloßem Auge gesehen werden konnten: Die ersten sowjetischen Satelliten Sputnik 1, 2 und 3 bzw. deren Trägerraketen. Die amerikanischen Ballonsatelliten Echo I und II sowie der Ballonsatellit Pageos 1, der sich auch 1981 noch in einer Umlaufbahn um die Erde befand. Pageos 1 wurde am 24. Juni 1966 mit einer Thor-Agena-D-Rakete von Kalifornien aus gestartet. Anfänglich war die Bahn nahezu kreisförmig. Die Höhe über der Erdoberfläche schwankte zwischen 4210 und 4263 km, die Umlaufszeit betrug 181,3 Minuten, die Bahnneigung 86,97° gegenüber dem Erdäquator. Es han-

delte sich also nahezu um eine Pol-zu-Pol-Bahn. Wegen der großen Flughöhe, die allerdings inzwischen ein wenig abgenommen hat und auch infolge des Strahlungsdrucks der Sonne periodisch zusammen mit der Bahnexzentrizität schwankt, kann Pageos 1 selbst im günstigsten Falle nur etwa $+1{,}5^m$ hell werden. Meist verbleibt seine Helligkeit zwischen der 5. und 3. Größe. Die große Flughöhe bedingt auch ein sehr langsames Dahinkriechen am Himmelsgewölbe. Lediglich, wenn sich der Satellit nahe dem Zenit befindet, ist die Verschiebung deutlich bemerkbar. Näher am Horizont bewegt sich Pageos 1 so langsam, daß man ihn bei flüchtigem Betrachten des Sternhimmels für einen Fixstern hält. Insgesamt benötigt Pageos 20 Minuten und länger, um von Horizont zu Horizont zu fliegen.
Wegen ihrer geringeren Flughöhe zwischen etwa 200 und 400 km sind gelegentlich mit bloßem Auge auch die militärischen Aufklärungssatelliten der USA und der UdSSR zu beobachten. Ihre Lebensdauer ist allerdings meist gering. Die Maximalhelligkeit dieser Satelliten erreicht $1{,}5^m$ bis $2{,}5^m$. Sie benötigen von Horizont zu Horizont meist nur etwa 5 Minuten. Sie geraten auch häufiger in den Erdschatten als Pageos 1.
In den 70er Jahren konnte auch sehr oft das amerikanische Weltraumlaboratorium Skylab mit bloßem Auge verfolgt werden. Bis Anfang 1975 konnte sogar noch die 2. Stufe der Saturn 5-Rakete, mit der Skylab im Mai 1973 in eine 435 km hohe Flugbahn eingeschleust wurde, gesehen werden. Die Bahnneigung der Station zum Äquator beträgt 50°, so daß die Sichtbarkeitsverhältnisse ähnlich denen von Echo I waren. 1979 ist allerdings auch Skylab wieder abgestürzt. Neuerdings ist gelegentlich auch das Space Shuttle (Raumtransporter) mit freiem Auge sichtbar. Dasselbe gilt auch für die sowjetische Saljut-Station.

Atmosphärische Erscheinungen, die den Sternfreund interessieren

Der Sternfreund sollte sich auch mit der Wetterkunde oder Meteorologie beschäftigen. Hängt doch sein praktischer Wirkungskreis gerade in Mitteleuropa sehr vom Wetter ab! Nun kann es allerdings nicht Aufgabe dieses Buches sein, eine Einführung in die Wetterkunde oder gar Wettervorhersage zu geben. Trotzdem sollen an dieser Stelle noch einige Anmerkungen gemacht werden, die für den Liebhaberastronomen sicher von praktischer Bedeutung sind. Außerdem gibt es eine Reihe atmosphärischer Erscheinungen, wie Halos, Polarlichter, leuchtende Nachtwolken usw., die traditionell auch mehr oder weniger regelmäßig von Amateurastronomen beachtet oder sogar systematisch registriert werden.

Mit wieviel klaren Nächten kann man überhaupt in einem Jahr rechnen, und welche Monate sind für die Beobachtung am günstigsten? Diese Frage wird sehr häufig von angehenden Sternfreunden gestellt. In Deutschland können wir im langjährigen Durchschnitt mit etwa 66 völlig wolkenlosen Abenden rechnen. Nach einer Statistik, die Gerhard Schindler aufstellte und die einen Zeitraum von 32 Jahren umfaßt, lagen die Extremwerte allerdings zwischen 23 und 148 klaren Abenden pro Jahr! Es scheint übrigens, daß die Unterschiede an den einzelnen Orten Mitteleuropas zumindest im langjährigen Mittel verhältnismäßig gering sind. Allerdings bedarf es nicht unbedingt eines völlig wolkenfreien Abends, um z. B. den Mond oder die Planeten zu beobachten. Es schadet ja nichts, wenn hin und wieder diese Gestirne von durchziehenden Wolken verdeckt werden. Dasselbe gilt auch für systematische Sonnenbeobachtungen am Tage. Viele Sonnenbeobachter kamen unter Ausnützung jeder Wolkenlücke auf weit über 200 Beobachtungstage pro Jahr!

Die nachstehende Tabelle (wiederum nach G. Schindler) gibt die durchschnittliche Zahl der wolkenlosen Abende sowie die längste Reihe aufeinanderfolgender wolkenloser Abende an.

Tabelle: Klare Beobachtungsnächte pro Monat

Monat	Zahl der wolkenlosen Abende	längste Reihe aufeinanderfolgender wolkenloser Abende
Januar	5,0[d]	6[d]
Februar	6,4	6
März	8,0	9
April	4,9	9
Mai	4,3	6
Juni	3,7	6
Juli	3,4	5
August	5,2	8
September	8,5	13
Oktober	7,2	11
November	4,7	5
Dezember	4,6	8
Jahr	65,9	13

Der Tabelle ist zu entnehmen, daß die Monate Juni und Juli am häufigsten bewölkt sind. Berücksichtigt man noch die „hellen Nächte" um die Zeit der Sommersonnenwende, so ist also diese Jahreszeit entschieden am ungünstigsten für astronomische Abendbeobachtungen. Am wolkenfreisten sind dagegen die Monate September und März. Aber auch Oktober und Februar sind noch relativ vorteilhaft.

Etwas anders ist es mit den Faktoren „Luftunruhe" und „Durchsichtigkeit" bzw. „Reinheit" der Luft. Größtmögliche Luftruhe benötigen wir für Detailbeobachtungen auf Mond- und Planetenoberflächen, während wir zur Beobachtung sehr lichtschwacher Objekte eine größtmögliche Reinheit der Luft benötigen. Die Praxis zeigt nun, daß beide Qualitätsmerkmale oft nicht an ein- und demselben Abend auftreten. Ausgezeichnete Luftruhe bedeutet ja geringe Luftbewegung und damit häufig die Ausbildung von Dunst oder Nebel. Abende, an denen wir nur die allerhellsten Sterne mit bloßem Auge, etwa bis zur 3. Größe, beobachten können und die leichte Dunst- und Nebelbildung zeigen, sind also sicher nicht geeignet, um schwache Nebel oder Sternhaufen zu beobachten. Sie sind aber oft vorzüglich zur Planetenbeobachtung. Umgekehrt bedeutet Reinheit der Luft häufig stärkere Luftbewegung und daher Luftunruhe. Man wird dann bei Mond- und Planetenbeobachtungen Einzelheiten nur recht verwaschen erkennen können. Dafür lohnt aber eine Jagd nach sehr schwachen, an der Leistungsgrenze unserer Fernrohre liegenden Objekten.

Verhältnismäßig häufig sind die Halo-Erscheinungen zu beobachten. Dabei handelt es sich um Ringe und andere Formen um Sonne und Mond, die auf Brechung und Spiegelung der Sonnen- oder Mondstrahlen an hoch schwebenden Cirrus- oder Cirrostratuswolken entstehen. Am häufigsten ist der sogenannte kleine Ring mit einem Halbmesser von 22°, seltener der große Ring mit einem Radius von 46°. Beide Ringe zeigen fast immer Spektralfarben. Es muß übrigens nicht immer

Bild 48. Schema der wichtigsten Haloerscheinungen

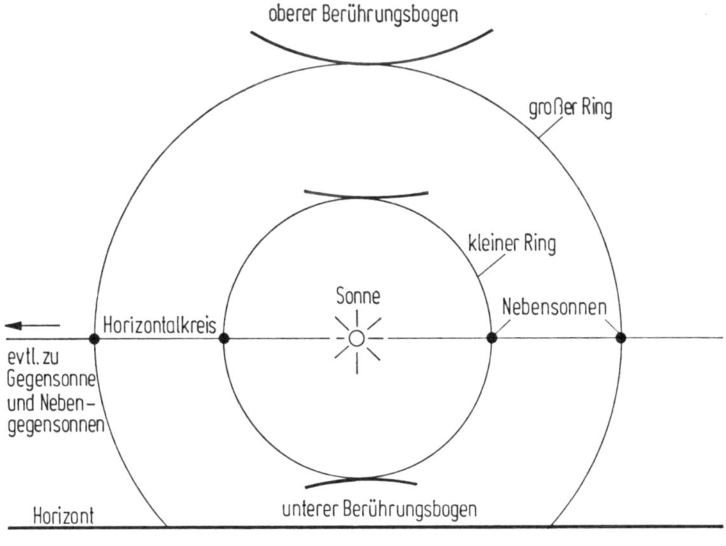

der gesamte Ring sichtbar werden. Gelegentlich tauchen nur Bruchstücke auf. Nicht selten sind auch die oberen Berührungsbögen, weniger häufig dagegen die unteren Berührungsbögen zu erkennen. Weiterhin tritt der sogenannte Horizontalkreis auf, der durch die Sonne zieht und rings um das ganze Himmelsgewölbe in der gleichen Höhe über den Horizont verläuft. Ebenfalls relativ häufig treten Nebensonnen auf, die sich an den wirklich vorhandenen oder auch nur gedachten Schnittpunkten zwischen dem kleinen bzw. großen Ring und dem Horizontalkreis befinden. Die Nebensonnen führen ebenfalls Spektralfarben vor und haben gelegentlich einen von der Sonne abgewandten Schweif. Schließlich gibt es noch die Gegensonnen und Nebengegensonnen. Auch sogenannte Lichtsäulen treten auf, die als weißlich leuchtende Streifen senkrecht durch die Sonne laufen. Sie sind meist nur sichtbar, wenn die Sonne nahe dem Horizont steht.

Wegen der größeren Helligkeit der Sonne treten Sonnenhalos bedeutend häufiger auf als Mondhalos. Trotzdem sind die letzteren vielen Menschen geläufiger, da sie gegen den Nachthimmel leichter beobachtbar sind als die Sonnenhalos, die meist durch die große Helligkeit des Tagesgestirns etwas überstrahlt werden. In der Regel blickt man ja auch nicht in die unmittelbare Nachbarschaft der Sonne.

Die Aufstellung einer Halo-Statistik kann recht reizvoll sein. Am häufigsten tritt der kleine Ring oder ein Bruchstück davon auf. An zweiter Stelle der Häufigkeitsskala müssen die Nebensonnen erwähnt werden. Danach kommen die Berührungsbögen, während der große Ring nur etwa 8 % so häufig ist wie der kleine Ring. Auch der Horizontalkreis kommt sehr selten vor. Gegensonnen bzw. Nebengegensonnen sind nur $^{1}/_{200}$mal so häufig wie der kleine Ring. Insgesamt können aber durchaus an 50 bis 70 Tagen pro Jahr irgendwelche Halo-Formen an einem bestimmten Beobachtungsort gesehen werden. Die meisten Halos treten dabei gemäß langjähriger Statistik in den Monaten April bis Juni auf. Die wenigsten Halos können im November und Dezember gesehen werden.

Bemerkenswerte atmosphärische Erscheinungen sind auch Reflexe an Inversionsschichten. Dabei handelt es sich um meist mehr oder weniger horizontal gelagerte Schichten, an denen ein Temperatursprung (Temperaturinversion) stattfindet. Solche Schichten reflektieren von der Erdoberfläche her kommende Lichtstrahlen und führen zu Phänomenen, die auch von der Erdoberfläche aus gesehen werden können. Viele sogenannte UFO-Sichtungen müssen, neben zahlreichen anderen Deutungsmöglichkeiten, auf derartige Phänomene zurückgeführt werden.

Für den Amateurastronomen interessanter sind dagegen die „leuchtenden Nachtwolken". Hierbei handelt es sich keinesfalls um Wolkenformationen, wie sie im normalen Wettergeschehen und damit in der Troposphäre unserer irdischen Lufthülle auftreten. Die leuchtenden Nachtwolken sind vielmehr hoch schwebende Eiskristallwolken etwa an der Grenze zwischen der Stratosphäre und Ionosphäre in 80 bis 90 km Höhe. Teilweise nimmt man auch an, daß es sich um Staubwolken handelt, die bei Vulkanausbrüchen in die Hochatmosphäre verfrachtet wurden. Da sie sich in sehr großen Höhen befinden, können diese Wolken noch von den Sonnenstrahlen beleuchtet sein, während am Erdboden bereits fortgeschrittene Dämmerung oder vollständige Dunkelheit eingetreten ist. Die leuchtenden Nachtwolken oder auch die sogenannten Leuchtstreifen treten als perlmuttartig schimmernde Lichtflecken oder gelegentlich auch als Wolken auf, die Cirrus-Wolken (Federwolken) ähneln. Sie bewegen sich auch mit den Luftströmungen, die in diesen Schichten der Erdatmosphäre auftreten.

In unseren geographischen Breiten beobachten wir die Nachtwolken bevorzugt in den Wochen um die Sommersonnenwende, also im Juni, Juli und August. Dies erklärt sich sehr leicht aus dem Umstand, daß die Sonne dann nur einen niedrigen Stand unter dem Horizont während der Nachtstunden hat und die Abenddämmerung nahezu gleitend in die Morgendämmerung übergeht. Die Chance, daß die Wolken während der ganzen Nacht von Sonnenstrahlen beleuchtet werden, ist daher sehr groß.

Polarlichter sind andere Leuchterscheinungen in der Hochatmosphäre, die vor allem im Anschluß an sehr starke Eruptionen auf der Sonne auftreten. Leider können die Eruptionen selbst mit Liebhabermitteln nicht beobachtet werden. Wir können aber davon ausgehen, daß eine große Sonnenfleckengruppe vom Typ E, F oder G meist mit mehr oder weniger zahlreichen und heftigen Eruptionen einhergeht. Befindet sich also eine derartige Fleckengruppe in der unmittelbaren Nachbarschaft der Sonnenscheibenmitte, so können die von der Eruption ausgeschleuderten elektrisch geladenen Teilchen auch die Erde erreichen. Dort werden sie durch das Magnetfeld unseres Planeten so abgelenkt, daß sie bevorzugt in den Polargebieten in die Erdatmosphäre eindringen und die höheren Luftschichten durch Zusammenstoß mit den dortigen Atomen zum Leuchten bringen. Die Laufzeit der elektrisch geladenen Teilchen von der Sonne zur Erde beträgt im Durchschnitt 26 Stunden, so daß heftige Polarlichter nicht selten etwa einen Tag nach starken Eruptionen einzutreten pflegen.

Das Auftreten von Polarlichtern beschränkt sich keinesfalls auf die eigentlichen Polargebiete. Vielmehr können wir sie auch gelegentlich von Mitteleuropa aus beobachten. Allerdings gibt es eine ausgesprochene Polarlichtzone, die sich ringförmig um den magnetischen Nord- und Südpol unserer Erde schlingt. Diese Zone größter Polarlichthäufigkeit erstreckt sich auf der Nordhalbkugel etwa vom mittleren Teil Alaskas, Nordkanadas über die Südspitze Grönlands, Nordküste Islands, Nordskandinavien bis zum nördlichen Sibirien. Setzen wir die Häufigkeit der Polarlichter in dieser Zone gleich 100, so treten im mittleren Deutschland nur etwa 1 % so viele Polarlichter ein. Wir werden sie vor allem zur Zeit eines Sonnenfleckenmaximums erwarten dürfen.

Die Höhe der Polarlichter über der Erdoberfläche zeigt ebenfalls ein ausgesprochenes Maximum zwischen etwa 100 und 130 km. Nach unten hin treten noch Polarlichter bis etwa 70 km Höhe auf. In noch tieferen Schichten der Erdatmosphäre sind keine Polarlichter mehr festzustellen, da die solaren Partikel in so dichte Schichten der Erdatmosphäre nicht mehr vordringen können. Dagegen kann man Polarlichter auch noch in wesentlich größeren Höhen, wenn auch mit abnehmender Häufigkeit, feststellen. Die höchsten Polarlichter treten bei etwa 1000 km über dem Erdboden auf.

Die Polarlichter zeigen eine erstaunliche Formenfülle. So kennen wir z. B. Polarlichtbänder, die ungefähr parallel zu den magnetischen Feldlinien oder ungefähr von Ost nach West verlaufen. Sie können über viele Minuten, manchmal sogar Stunden hinweg beobachtet werden. Daneben treten helle Strahlenbüschel auf, die Farben und Formveränderungen zeigen. Manchmal liegen diese Strahlen parallel zueinander im Raum, so daß sie infolge der Perspektive vom Beobachter aus gesehen in der Ferne zu einer sogenannten Nordlichtkrone zusammenzulaufen scheinen. Fahnenartige Objekte, die im Wind hin und her zu flattern scheinen, nennt man Draperien. Schließlich bilden sich einfach farbige, meist rötliche Vorhänge und Lichtflecke über dem Horizont. Dies ist die vor allem von Mitteleuropa aus am häufigsten zu beobachtende Polarlichtform. Diese rötlichen Vorhänge zeigen sich meist über dem nördlichen oder nordwestlichen Horizont und sind mitunter so hell, daß Feuerwehren ausrückten, um den vermuteten Großbrand zu löschen.

Langfristige Statistiken zeigen, daß die Häufigkeit der Polarlichter im Jahresablauf Maxima und Minima zeigt. Die meisten Polarlichter tre-

Bild 49. Das Zodiakallicht in den Abendstunden des Vorfrühlings. Oben links entdecken wir Aldebaran im Stier, die Hyaden und die Plejaden. Etwas rechts der Mitte liegen die wichtigsten Sterne des Widder

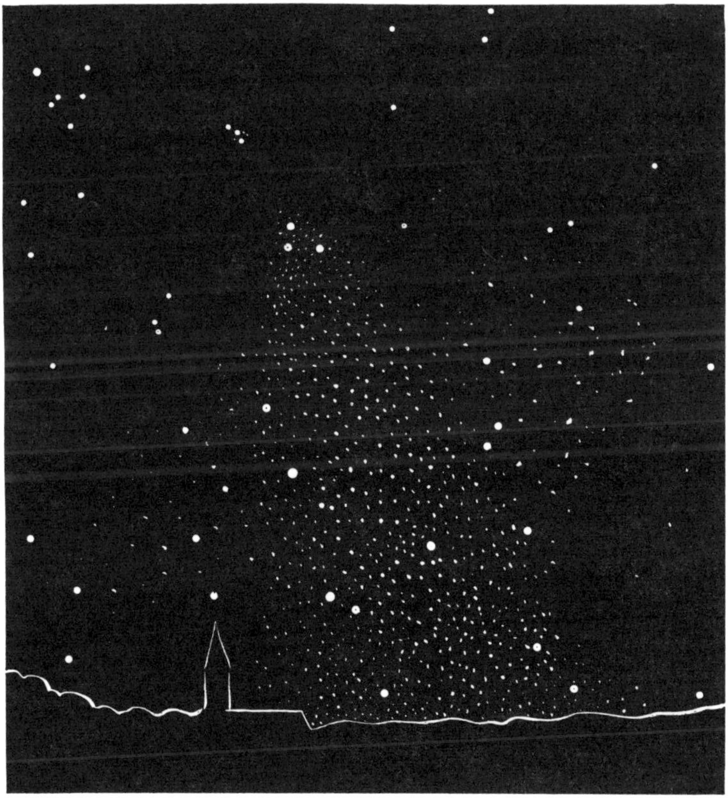

ten etwa im März/April und September/Oktober auf. Dies hängt damit zusammen, daß während dieser Zeit Sonnenfleckengruppen besonders nahe an die Sonnenscheibenmitte herangeraten können. Die Abstrahlung von elektrisch geladenen Teilchen in Richtung Erde wird dadurch besonders begünstigt. Mit großen Polarlichterscheinungen gehen fast immer starke erdmagnetische Störungen Hand in Hand.
Vor allem im Zusammenhang mit systematischen Sonnenfleckenbeobachtungen, die von Amateuren durchgeführt werden, ist die Aufstellung einer Polarlichtstatistik von Interesse. Wer im nördlichen Mitteleuropa wohnt, kann während eines kräftigen Sonnenfleckenmaximums pro Jahr durchaus mit 5 bis 10 Nordlichtern rechnen. Noch günstiger liegen natürlich die Verhältnisse in Dänemark, Skandinavien oder Island. Doch dürfen wir unsere Reise dorthin natürlich nicht während der Sommermonate machen, da die Zeit der hellen Nächte bzw. der Mitternachtssonne eine Beobachtung von Polarlichtern verhindert. Wir müßten vielmehr unsere Reise dorthin in die Zeit von September bis April legen.
Während starker Polarlichter treten häufig auch ionosphärische Störungen auf, die mit einem normalen Kurzwellenempfänger feststellbar sind. Vor allem im hohen Norden gelegene Sender sind in diesen Zeiten nur unter Störungen, d. h. einem andauernden Fading (Flackern), oder sogar überhaupt nicht zu empfangen.
Abschließend soll auch noch auf die Beobachtungsmöglichkeit des Zodiakallichts (Tierkreislicht) hingewiesen werden, obwohl es sich hier keineswegs um eine atmosphärische Erscheinung handelt. Das Zodiakallicht ist vielmehr auf Streuung und Reflexion von Sonnenstrahlen an Staubteilchen und freien Elektronen zurückzuführen, die sich im interplanetaren Raum befinden. Das Zodiakallicht zeigt sich etwa $1^1/_2$ bis 2 Stunden nach Sonnenuntergang über dem westlichen oder in einem entsprechenden Zeitraum nach Sonnenaufgang über dem

Tafel 7: Oben: Die Plejaden und Umgebung, aufgenommen mit einer Kleinbildkamera Edixa, f = 135 mm, auf Agfa Record 30 DIN, Belichtungszeit 30 sec (Westfälische Volkssternwarte und Planetarium Recklinghausen). – Unten Bahnspur des amerikanischen Ballonsatelliten „Echo I" am 13. März 1966. Das helle Objekt ist der Planet Jupiter. Aufnahme mit einer Kleinbildkamera Schneider Xenon f = 50 mm, auf Agfa Isopan Record 32 DIN. Belichtungszeit 2 min (H. Ptak, Westfälische Volkssternwarte und Planetarium Recklinghausen)

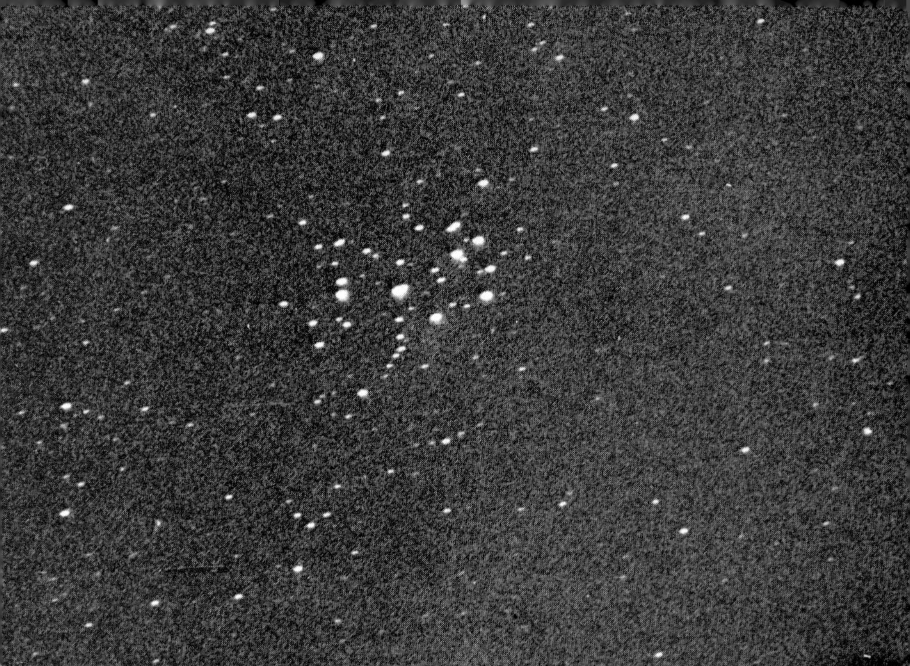

östlichen Horizont als eine pyramidenförmige Lichterscheinung, die symmetrisch zur Ekliptik (Tierkreis) verläuft.
Von Mitteleuropa aus ist das Tierkreislicht am besten im Februar und März abends und im September bzw. Oktober morgens zu beobachten. In diesen Monaten verläuft der Tierkreis steiler zum Horizont, so daß die Lichtpyramide höher über den Horizont heraufragt und nicht im Dunst des Horizonts „ertrinkt". Überhaupt darf man das Zodiakallicht nicht mit Dämmerungsresten verwechseln. Man sollte daher möglichst spät, d. h. gegen Ende der Dämmerung bzw. vor Anfang der Dämmerung beobachten. Die Helligkeit des Zodiakallichts nimmt mit zunehmendem Winkelabstand von der Sonne ab und geht dann in ein noch schwächeres Lichtband über, das längs der Ekliptik verläuft („Lichtbrücke"). Erst im Gegenpunkt der Sonne tritt wieder eine etwas größere Aufhellung, der sogenannte „Gegenschein", auf. Die letzteren Phänomene sind allerdings von Mitteleuropa aus wegen ihrer geringen Lichtintensität nur schwer oder überhaupt nicht auszumachen. Am besten kann das Tierkreislicht übrigens von den Subtropen und Tropen, also von äquatornäheren Breiten aus beobachtet werden.

Tafel 8: Der Komet Bennet aufgenommen von C. Nicollier am 12. April 1970 mit Hasselblad, f = 250 mm, Blende 1:5,6, auf Tri-X-Pan 27 DIN, Belichtungszeit 12 min

Astrofotografie

Für den Amateur, der Himmelsaufnahmen machen möchte, ergeben sich seit einigen Jahren zunehmend interessantere Möglichkeiten. In einem Buch, das sich im wesentlichen mit der visuellen Beobachtung der Gestirne beschäftigt, können daher hier nur einige Anregungen gegeben werden.

Beginnen wir mit fotografischen Aufnahmen, die mit einer normalen Kamera ohne Fernrohr durchgeführt werden können. Es eignet sich dazu eine gute Kleinbildkamera oder in besonderen Fällen auch eine Kamera mit Teleobjektiv. Eine Kleinbildkamera, die über ein Bildformat von 24 x 36 mm verfügt, hat meist ein Normalobjektiv von 45 bis 50 mm Brennweite. Ein Weitwinkelobjektiv weist etwa 30 bis 35 mm Brennweite, ein Teleobjektiv unter Umständen weit über 10 cm Brennweite auf. Bei Fotoobjektiven wird auch noch das Öffnungsverhältnis angegeben. Ein Öffnungsverhältnis von z. B. 1 : 2,8 bedeutet, daß die Brennweite 2,8mal größer ist als der Durchmesser des Objektivs. Wegen der größeren Lichtstärke ist möglichst ein Objektiv mit großem Öffnungsverhältnis, also etwa 1 : 2 anzustreben. Das bedeutet, daß bei einer Brennweite von 50 mm das Objektiv einen Durchmesser von 25 mm aufweist. Teleobjektive haben allerdings ein etwas geringeres Öffnungsverhältnis. Doch auch hier sollte man kein kleineres Öffnungsverhältnis als etwa 1 : 5 oder 1 : 6 anstreben, es sei denn, man wolle besonders helle Himmelskörper, wie z. B. den Mond, fotografieren.

Die Brennweite des Objektivs gibt uns auch den Bildmaßstab an. Ein Winkelgrad am Himmelsgewölbe wird bei einer Brennweite von 10 cm auf dem Bild mit 2 mm wiedergegeben. Diese Faustregel kann auch auf andere Brennweiten übertragen werden. Bei einer Brennweite von

5 cm würde also ein halbes Winkelgrad 0,5 mm groß abgebildet werden. Ein halber Winkelgrad entspricht aber gerade dem Durchmesser der Sonnen- oder Mondscheibe. Aus diesen Angaben kann auch ungefähr abgeschätzt werden, ein wie großes Himmelsfeld unsere Kamera abbildet. Bei wiederum 5 cm Brennweite und einem Bildformat von 24 x 36 mm kämen auf der Breitseite unseres Filmbildes rund 36° zur Abbildung, auf der Längsseite dagegen nur 24°. Man kann damit also durchaus ein größeres Sternbild vollständig wiedergeben.

Beginnen wir mit einfachen Fixsternaufnahmen. Um die Belichtungszeit möglichst abzukürzen, benützen wir einen hochempfindlichen Film. Es gibt heute Filme mit einer Empfindlichkeit von 30 DIN und darüber. Zumindest mit den empfindlicheren Filmen können wir von einem festen Stativ aus Aufnahmen mit einer Belichtungszeit von etwa 15 bis 30 Sekunden machen, auf denen unter günstigen atmosphärischen Verhältnissen bereits mindestens alle Sterne, die sonst mit bloßem Auge zu sehen sind, erscheinen. Bei etwas längerer Belichtungszeit kommen sogar Sterne zum Vorschein, die nur noch mit dem Feldstecher zu sehen sind, also etwa bis zur 8., 9. oder sogar 10. Größenklasse.

Nähern wir uns allerdings mit unserer Belichtungszeit der Minutengrenze, so macht sich doch schon die Erdrotation bemerkbar. In einer Minute legt ein Stern etwa 0,25 Winkelgrad zurück. Die Bewegung eines Sterns am Himmelsäquator würde also auf dem Filmbild unter Berücksichtigung unseres Normalobjektivs von 50 mm Brennweite pro Minute einer Strecke von 0,25 mm entsprechen. Mit anderen Worten: Unser Sternpunkt wird zu einem 0,25 mm langen Strich auseinandergezogen. Auf dem kleinen Originalnegativ würde dies bei Betrachtung mit bloßem Auge noch kaum auffallen. Da wir aber in der Regel das Bild stärker vergrößern oder mittels eines Lichtbildprojektors an die Wand projizieren, macht sich diese Ungenauigkeit schon störend bemerkbar. Wenn es uns nichts ausmacht, daß die Sterne als kleine Striche erscheinen, so haben wir aber den Vorzug, zahlreiche Sterne weit unterhalb der Sichtbarkeitsgrenze für das bloße Auge abgebildet zu haben.

Übrigens: Sollten wir unseren Film nicht selbst entwickeln, so ist dringend bei der Abgabe des Films in einem Fotogeschäft darauf hin-

zuweisen, daß es sich um Sternaufnahmen handelt. Zu schnell könnte es passieren, daß man im Entwicklungslabor die winzigen Sternpünktchen nicht als solche erkennt und glaubt, der Film sei total unterbelichtet. Andererseits kann unter Umständen ein Hinweis auf die Besonderheit der Aufnahmen das Fotolabor ermuntern, das Letztmögliche aus dem belichteten Film herauszuholen. Besser ist es allerdings, wenn wir ein eigenes Fotolabor einrichten und selbst entwickeln.
Bei Farbfilmen wird dies meist nicht möglich sein. Daher ist hier ein besonderer Hinweis mit Sicherheit am Platze. Wegen der geringeren Empfindlichkeit der Farbfilme können wir nicht mit einer Abbildung extrem schwacher Sterne rechnen. Trotzdem sind auch Farbaufnahmen oft sehr reizvoll, obwohl die Wiedergabe der Farben der Fixsterne (s. S. 113) nicht sehr befriedigt. Dies liegt einfach daran, daß die hellsten Sterne gegenüber den schwächsten Sternen überbelichtet sind. Schon aus der normalen Amateurfotografie, also der Aufnahme von Landschaften, Personen usw., wissen wir, daß ein Farbfilm bereits bei verhältnismäßig geringfügigen Über- oder Unterbelichtungen mit Farbabweichungen reagiert. Neuere Untersuchungen haben gezeigt, daß sich dieser Effekt mehr und mehr verliert, wenn der Farbfilm während der Aufnahme unterkühlt wird. Solche Tiefkühlkameras, die bei Temperaturen von etwa –70° bis –80° C arbeiten, haben nicht nur in die professionelle Astronomie, sondern gerade in die Amateur-Astrofotografie Eingang gefunden. Allerdings sind dazu doch einige technische Vorkehrungen erforderlich, die dem Anfänger kaum zur Verfügung stehen. Nebenbei sei aber noch gesagt, daß die Tiefkühlaufnahmen einen weiteren Vorzug haben: Die Empfindlichkeit der Filme steigert sich gewaltig.
Fotografieren wir mit einer auf einem Stativ feststehenden Kamera mit Belichtungszeiten von weit über einer Minute, so verlängern sich die Sternstriche mehr und mehr. Auch so erhält man oft reizvolle Aufnahmen. Es ist sogar auf diesem Wege möglich, eine Sternkarte bestimmter Himmelsgegenden zu konstruieren, die noch Sterne enthält, die nur mit Fernrohren sichtbar sind. Dazu durchstechen wir jeweils die Anfangs- oder Endpunkte der Sternstriche und übertragen die Löcher auf eine Karte. Je nach Helligkeit der Sterne stechen wir mit einer Nadel mehr oder weniger tief in das Papierbild hinein, so daß ein mehr oder weniger großes Loch entsteht.

Besonders hübsch sind auch Aufnahmen, die wir mit feststehender, zum Nordpol des Himmels gerichteter Kamera erhalten. Hier können wir sogar die Belichtungszeiten auf über eine Stunde ausdehnen. Die Sternstriche zeigen sich dann als Kreisbögen um den Pol. Deutlich ist dabei zu erkennen, daß der Polarstern nicht genau im Nordpol des Himmels steht. Oft zeigen sich sogar noch einige schwächere Sterne, die näher am exakten nördlichen Himmelspol stehen als der Polarstern, besonders bei Verwendung längerbrennweitiger Objektive.

Soll nun aber ein Sternfeld bei längerer Belichtungszeit mit punktförmigen Sternbildchen abgebildet werden, so müssen wir unsere Kamera dem täglichen Lauf der Sterne nachführen. Dazu montieren wir die Kamera auf ein parallaktisch montiertes und exakt aufgestelltes Fernrohr. Durch Versuche wird die optische Achse der Kamera genau parallel zur Fernrohrachse ausgerichtet. Nun stellen wir mit dem größeren Fernrohr, das wir als Leitrohr benutzen, einen gut sichtbaren Stern in die Mitte des Gesichtsfeldes eines möglichst stark vergrößernden Okulars ein. Praktisch ist dabei auch ein Okular mit Fadenkreuz. Weicht nun der Stern im Laufe der Belichtung vom Schnittpunkt der Fäden ab, drehen wir das Instrument um die Stundenachse gerade so weit, daß er wieder zum Fadenkreuzmittelpunkt zurückkehrt. Bald sind wir so eingeübt, daß wir auf diese Weise mit freier Hand das Fernrohr mehrere Minuten lang nachführen können.

Noch besser ist natürlich ein Fernrohr mit automatischer Nachführung. Aber auch in diesem Falle sollte man die Fernrohrdrehung mittels unseres Leitrohrs nachkontrollieren. Nehmen wir an, unser Leitrohr habe eine Brennweite von 1000 mm, dann machen sich hier kleine Nachführungsungenauigkeiten viel früher bemerkbar als auf der Bildebene unserer Kamera von vielleicht nur etwa $^1/_{20}$ dieser Brennweite. Winzige Fehler bei unserer Nachführung wirken sich also oft überhaupt nicht auf die Sternbildchen, die unsere Kamera erzeugt, aus.

Vergleichen wir die Helligkeit der Sterne auf einer Himmelsaufnahme mit dem, was wir mit bloßem Auge am Himmel oder mit einem Fernrohr sehen, fällt uns oft auf, daß hier gewaltige Unterschiede eintreten können. Dies liegt daran, daß die Filme meist eine andere Farbempfindlichkeit haben als das menschliche Auge. In der Regel ist es so, daß rote Sterne auf den Schwarzweiß-Aufnahmen schwächer erscheinen als mit freiem Auge gesehen, während umgekehrt weiße bis blauweiße

Sterne auf Fotografien heller erscheinen. Wie stark diese Unterschiede ausfallen, hängt von der Art der benutzten Filme ab. Auch hier gibt es also für den Himmelsfotografen interessante Aufgabenbereiche.
In welchen Fällen werden wir nun ein Teleobjektiv oder ein Weitwinkelobjektiv einsetzen? Ein Weitwinkelobjektiv wird vor allem dann bevorzugt werden, wenn wir sehr große Himmelsgegenden gleichzeitig auf einem Bild wiedergeben wollen. Dies wird z. B. dann nötig sein, wenn wir ein sehr ausgedehntes Sternbild fotografieren wollen. Ganz hervorragend eignen sich aber Weitwinkelobjektive für die Aufnahme der Milchstraße! Fotografieren wir in günstigen Gebieten, also weitab der Städte, im Gebirge oder an der See, so lassen sich die hellen und dunklen Partien der Milchstraße, die Dunkelwolken und vieles andere mehr phantastisch herausarbeiten. Außerdem sind bei Aufnahmen mit Weitwinkeloptiken Nachführungsungenauigkeiten weniger schwerwiegend als bei Aufnahmen mit Normalobjektiven.
Ein Teleobjektiv werden wir dagegen heranziehen, wenn wir bestimmte Einzelheiten deutlicher auflösen wollen, etwa einen Sternhaufen wie die Plejaden oder Hyaden oder auch den berühmten Doppelsternhaufen h und χ im Perseus. Mit extrem langen Brennweiten von etwa 60 cm und mehr ist es sogar möglich, hervorragende Aufnahmen von Kugelsternhaufen oder sehr dichtgedrängten offenen Sternhaufen zu erhalten. Natürlich ist in diesen Fällen besondere Sorgfalt bei der Nachführung vonnöten.
Teleobjektive eignen sich aber auch sehr schön zur Aufnahme von Sonne und Mond. Phantastische Bilder können wir bei einem Sonnenauf- oder -untergang erhalten. Auf Farbaufnahmen zeigt sich dabei sehr gut die Rotverfärbung. Außerdem erkennen wir häufig die durch die Refraktion in der Erdatmosphäre bedingte Abplattung der Sonne. Mit sehr langbrennweitigen Teleobjektiven lassen sich auch schon größere Sonnenfleckengruppen fotografieren. Genau wie bei der visuellen Beobachtung der Sonne müssen wir aber auf unsere Augen achten! Die Belichtungszeit ist sehr weit herabzusetzen, oder es müssen dunkle Neutralfilter verwendet werden, um Überbelichtungen oder ein Zerspringen der Optik zu vermeiden. Diese Filter werden bereits vor dem Fotoobjektiv angebracht. Man kann aber auch das Fotoobjektiv bis auf einige Millimeter abblenden. Natürlich verwendet man bei Sonnenaufnahmen möglichst wenig empfindliche Filme (etwa 10 DIN

bis 13 DIN). Die dann noch erforderlichen Belichtungszeiten kann man durch einige Testaufnahmen ermitteln. Sie liegen meist unter $^{1}/_{100}$ sec.
Die Belichtungszeiten bei Mondaufnahmen werden von Fall zu Fall ganz verschieden sein. Insbesondere die Mondphase spielt hierbei eine Rolle. Wir verwenden Filme mit mittlerer Empfindlichkeit, eine nicht ganz geöffnete Blende (etwa 1 : 8) und Belichtungszeiten in der Größenordnung von $^{1}/_{10}$ bis $^{1}/_{25}$ sec. Aber auch hier sollte man einfach einmal ein wenig mit mehr oder weniger empfindlichen Filmen und anderen Einstellungen von Blende und Belichtungszeit experimentieren. Auch Reihenaufnahmen von Mondfinsternissen sind interessant. Wegen der Verfärbung des Mondes bei derartigen Gelegenheiten sind besonders auch Farbaufnahmen reizvoll.
Natürlich können wir auch ein Fernrohr direkt zu Astroaufnahmen benutzen. Wenn wir bedenken, daß eine Kamera ja auch nur aus einem Objektiv besteht, das – bei unendlich weit entfernten Objekten – im Brennpunkt bzw. in der Brennebene ein Bild erzeugt, das von einer Filmschicht festgehalten wird, so stellt unser Fernrohr mit seinem Objektiv schon allein eine langbrennweitige Kamera dar, wenn auch zunächst ohne Film- oder Plattenkassette. Wir haben also nur dafür zu sorgen, daß die Platten- oder Filmebene direkt mit der Brennebene des Fernrohrobjektivs zusammenfällt. Hierbei kann eine alte Plattenkamera vom Format 6×9 oder 9×12 cm mit einer Mattscheibe wieder zu Ehren kommen. Das Objektiv wird dabei herausgeschraubt und die ganze Kamera so am Okularstutzen des Fernrohrs befestigt, daß wir die Möglichkeit haben, die Brennebene mit der Mattscheibe der Plattenkamera in Einklang zu bringen. Dafür eignen sich helle Objekte, wie vor allem der Mond. Allerdings müssen wir dafür Sorge tragen, daß die Kamera wirklich fest mit dem Fernrohr verbunden ist und die optische Achse unseres Fernrohrs auch mit der der Kamera übereinstimmt. Auch eine Spiegelreflexkamera zu einer genauen Kontrolle der Schärfe ist zum Anbringen an das Okularende eines Fernrohrs geeignet.
Aufnahmen direkt im Brennpunkt des Fernrohrs sind vor allem bei Sonne und Mond sowie den Planeten empfehlenswert. Dabei ergeben sich oft so kurze Belichtungszeiten, daß man auf eine Nachführung verzichten kann. Etwas schwieriger wird es, auf diesem Wege stellare

Objekte zu fotografieren. Da die Belichtungszeiten hier wieder mehrere Minuten betragen können, sollte man eine genaue Nachführung in jedem Falle vorbereiten.
Erinnern wir uns nun an die Beobachtung der Sonne mittels der Projektionsmethode. Daraus ergibt sich, daß hinter dem Okular eines Fernrohrs weitere Aufnahmemöglichkeiten bestehen. Wir können also auch eine Kamera hinter dem Okular eines Fernrohrs anbringen und dabei mit oder ohne Kameraobjektiv fotografieren. Bei stark vergrößernden Okularen ist dabei allerdings eine exakte Nachführung erforderlich. Bei einem kleinen Fernrohr genügt unter Umständen schon ein hochempfindlicher Film.
Bei Aufnahmen mit einem Fernrohrobjektiv muß bedacht werden, daß dieses meist für visuelle Beobachtungen farbkorrigiert ist. Es kann also sein, daß die fotografischen Aufnahmen nicht ganz exakte Sternpunkte ergeben – auch wenn wir genau genug nachgeführt haben. Dieser Umstand fällt bei Aufnahmen mit Spiegelteleskopen weg, da diese keiner besonderen Farbkorrektur bedürfen. Spiegelteleskope unterliegen ja nicht der chromatischen Aberration. Lediglich die Okulare eines Spiegelteleskops können unter Umständen noch eine restliche Farbabweichung aufweisen.
Zum Schluß sei noch darauf hingewiesen, daß die Fotografie sich ganz besonders auch zur Aufnahme von Satellitenspuren oder Meteoren eignet. Der Satellit ergibt bei einer Belichtungszeit von mehreren Minuten eine strichartige Spur. Unterbricht man die Belichtung regelmäßig im Abstand von einer Minute vielleicht ein oder zwei Sekunden lang, so hat man auch noch zusätzliche Zeitmarken auf der Satellitenbahn und kann dessen Winkelgeschwindigkeit am Himmelsgewölbe anhand der umliegenden Sterne bestimmen. Meteoraufnahmen gelingen nur mehr oder weniger zufällig. Wir wählen dazu eine Nacht aus, in der ein stärkerer Meteorstrom zu erwarten ist, z. B. die Perseiden kurz vor Mitte August. Richten wir die Kamera auf ein Gebiet, das nicht allzuweit vom Radianten des Meteorstroms entfernt ist, so kann man bei einer längeren Belichtungszeit von mehreren Minuten oder gar von einer Stunde erwarten, daß hin und wieder die eine oder andere Sternschnuppe sich als ein strichartiges Gebilde zeigt.
Es ist dabei gar nicht notwendig, daß die Kamera nachgeführt wird, denn die Strichspur der Meteorbahn verläuft normalerweise ganz an-

ders als Sternspuren, die der täglichen Drehung von Ost nach West entsprechen.
Auch die Bewegung von Kleinplaneten kann fotografisch erfaßt werden. Dazu fotografieren wir mit einer möglichst langbrennweitigen Kamera ein Sternfeld, in dem sich augenblicklich ein nicht allzu schwacher Kleinplanet befindet. Bei einer Belichtungszeit von etwa einer Stunde wird sich dann der Kleinplanet als Strichspur unter den punktförmigen Fixsternen verraten. Auch die Registrierung des Lichtwechsels Veränderlicher Sterne gelingt auf fotografischem Wege. Bei zeitlich rasch Veränderlichen Sternen, wie z. B. Algol, wo sich bereits innerhalb einer Stunde unter Umständen deutliche Helligkeitsveränderungen einstellen, sollte man aber nicht allzulange Belichtungszeiten wählen. Besonders empfehlenswert ist eine regelmäßige Aufnahme des Sternfelds um Algol während des etwa 10 Stunden dauernden Minimums. Dazu suchen wir aus einem astronomischen Jahrbuch ein Minimum während des Winterhalbjahres heraus, das etwa um Mitternacht liegt, so daß wir mit unseren Fotografien schon gegen 18 Uhr abends beginnen und gegen 6 Uhr morgens enden können. Am besten machen wir die Aufnahmen in Abständen von etwa einer halben Stunde. Danach können wir die Helligkeit des Algol in ähnlicher Weise mit konstanten Nachbarsternen vergleichen, wie wir es früher mit der Argelander'schen Stufenschätzungsmethode oder ähnlichen Verfahren (s. S. 129 ff.) beschrieben haben. Natürlich können wir auch andere Veränderliche Sterne fotografisch erfassen. Stets ist dabei auf die unterschiedlichen atmosphärischen Bedingungen zu achten, die während des gesamten Aufnahmezeitraums herrschen. Dasselbe gilt auch für die Extinktion bei Aufnahmen in der Nähe des Horizontes.
Ein weiteres Betätigungsfeld für den Astrofotografen sind Polarlichter und Halo-Erscheinungen. Wegen ihrer Farbigkeit eignen sich auch hier Coloraufnahmen. Gelegentlich auftauchende Kometen werden wir vor allem mit Weitwinkelkameras schwarzweiß aufnehmen, um einen etwa vorhandenen Schweif möglichst in seiner ganzen Länge erfassen zu können. Da diese Objekte meist verhältnismäßig lichtschwach sind, sollte man eine möglichst lange Belichtungszeit bei gleichzeitiger Nachführung mit einem Fernrohr anstreben. Dies alles wären nur einige Tips für den Astrofotografen, die man aber aufgrund der Beschreibung visueller Beobachtungen durchaus auch auf andere Gebiete übertragen kann.

Das KOSMOS-Astroprogramm

Das MEADE-Astroprogramm von KOSMOS

Obwohl dieses Buch eine Einführung in die Beobachtung mit den verschiedensten Fernrohren sowie auch mit Feldstechern und mit dem bloßen Auge darstellt, soll hier zusammenfassend auf die besonderen, eigens für den Amateurastronomen entwickelten Instrumente des MEADE-Astroprogramms von KOSMOS eingegangen werden. Neben den wichtigsten optischen Daten werden in Stichworten das Beobachtungsgebiet und die Leistungsfähigkeit angegeben. Die Instrumente sind von kleinerer zu größerer Objektivöffnung bzw. Spiegelöffnung geordnet. Alle Beobachtungsgebiete, die bei den entsprechend kleineren Instrumenten bereits angegeben sind, gelten auch für die größeren Instrumente. Wegen Einzelheiten verweisen wir auf den Hauptteil des Buches. Einen über 40 Seiten starken MEADE-Katalog Nr. 970 537 mit vielen Ratschlägen und Tips erhalten Sie gegen Voreinsendung von DM 4,– von der KOSMOS-Werbeabteilung 15, Postfach 640, 7000 Stuttgart 1.

MEADE Schmidt-Cassegrain Teleskop, Modell 2044

Freie Objektivöffnung 102 mm, Brennweite 1000 mm, zeigt visuell Sterne bis zur 12ten und fotografisch bis zur 14,5ten Größenklasse, trennt Doppelsterne mit 1,1 Bogensekunden Abstand. Maximale Vergrößerung bei Verwendung eines Okulars von 4 mm Brennweite 250fach.

Durch seine kleinen Abmessungen ist dieses Fernrohr das ideale Reiseinstrument. Der Koffer, in dem dieses 100 mm-Fernrohr Platz findet, ist nur 48×23×30 cm groß.

Mit dem Modell 2044 beobachten Sie in unserem Sonnensystem z. B. das Wechselspiel der wolkenförmigen Streifen, den großen roten Fleck und die vier größeren Begleitmonde am Jupiter. Bei Saturn beobachtet man das Ringsystem und bei sehr guten Sichtverhältnissen auch die Cassini-Trennung.

Am Mond sehen Sie eine Vielzahl an Kratern, Rillen und Ringgebirgen. Sie beobachten die Phasen der Planeten Merkur und Venus sowie bekannte Einzelheiten auf dem Mars. Im tiefen Weltraum sehen Sie unzählige Objekte wie z. B. die filigranartige Struktur des

Orionnebels, die leuchtende Ellipse der Andromeda Galaxie mit ihrem brillanten Kern und den kugelförmigen Sternhaufen im Herkules. Natürlich ist dies nur eine kleine Auswahl aus der Menge der Sternhaufen, diversen Nebel, Galaxien, veränderlichen Sternen, Spiralnebeln, Doppelsternen und Fixsternen, die Ihnen das Modell 2044 erschließt.

MEADE Schmidt-Cassegrain Teleskop, Modell 2080

Freie Objektöffnung 203 mm, Brennweite 2000 mm, zeigt visuell Sterne bis zur 14ten und fotografisch bis zur 16,5ten Größenklasse, trennt Doppelsterne mit 0,56 Bogensekunden Abstand. Maximale Vergrößerung bei Verwendung eines Okulars von 4 mm Brennweite 500fach.

Die große Öffnung in Verbindung mit der kurzen Baulänge und Handlichkeit machen das Modell 2080 zum idealen Fernrohr für den Amateur, der oft unter Platzmangel leidet, oder wegen seines begrenzten Beobachtungsfeldes den Standort wechseln muß. Lesen Sie, was wir über das Modell 2044 geschrieben haben und bedenken Sie, daß das Modell 2080 die vierfache Lichtstärke hat. Das Gerät gehört zu den meistverkauften und besten seiner Klasse. Sie sehen mehr Sterngrößenklassen und beobachten noch feinere Details. Die vier Hauptmonde des Jupiter sind keine Nadelstiche, sondern flächige Körper. Am Planeten selbst werden Details erkennbar. Die wolkenförmigen Streifen zeigen hellere und dunklere Zonen unterschiedlicher Breite. Flecken darin tauchen auf und verschwinden wieder. An diesem Wechselspiel erkennt man, daß man hier auf eine dichte Wolkenhülle blickt. Eine genaue Beobachtung dieser Wolkenbänder läßt Schlüsse darauf zu, daß dieser erstaunliche Riese (1410mal größere Planet als die Erde) mit einer Umdrehungszeit von 10 Std. (Erde 24 Std.) ganz außerordentliche Eigenschaften hat.

Am Mond erkennt man Kettengebirge, Ringgebirge, Hochebenen, Tiefebenen, tief eingeschnittene Rillen und merkwürdige Strahlensysteme. Die Rillen erkennt man am besten dann, wenn am Mond die Sonne gerade auf- oder untergeht. Die Strahlengebilde sind ganz besonders ausgeprägt an den Ringgebirgen Kopernikus, Kepler und Tycho sichtbar. Es sieht im Fernrohr so aus, als hätte dort eine Kugel eingeschlagen, und vom Einschlagloch gingen viele Sprünge aus, wobei einzelne Linien über 1000 km lang sind.

Objekte im tiefen Weltraum erhalten neue Dimensionen, Nebel und Galaxien gewinnen Form und Struktur. Als Besitzer eines dieser beiden Fernrohre erschließt sich Ihnen eine völlig neue Welt, die Ihnen besinnliche Stunden beschert und Ihnen die Dimensionen zeigt, denen wir uns unterzuordnen haben.

MEADE Schmidt-Cassegrain Teleskop, Modell 2120

Freie Objektivöffnung 254 mm, Brennweite 2500 mm, zeigt visuell Sterne bis zur 14,5ten und fotografisch bis zur 17ten Größenklasse, trennt Doppelsterne mit 0,45 Bogensekunden Abstand. Maximale Vergrößerung bei Verwendung eines Okulars von 4 mm Brennweite 625fach.

Das Modell 2120 ist bereits serienmäßig mit einem ausgewählten, hochpräzisen LX-Nachführgetriebe ausgerüstet, das Langzeitfotografie bis 120 Minuten problemlos erlaubt. Ein Spitzengerät, das bereits an einigen Privatsternwarten erfolgreich verwendet wird.

Newton Spiegelteleskope

Bei diesen Spiegelteleskopen handelt es sich um einen Typ, der sich beim Astro-Amateur großer Beliebtheit erfreut. Diese Beliebtheit stützt sich auf mehrere Erfahrungswerte, z. B. auf die völlige Farbfehlerfreiheit (Achromasie) bei Spiegeln, auf einfache, durchschaubare Bauweise und gute Hantierbarkeit, vor allem aber auf den geringen Preis, der dadurch so niedrig ist, weil bei Spiegeln nur jeweils eine Fläche optisch bearbeitet werden muß (bei einem achromatischen Objektiv wären es vier Flächen). Trotzdem sind diese Spiegel mit höchster Präzision bearbeitet und liegen in ihrer Genauigkeit bei 1/10 Wellenlänge von grünem Quecksilberlicht. Daß Spiegel, die über 110 mm ⌀ liegen, nicht mehr sphärisch (Kugelausschnitt), sondern parabolisch sein sollten, haben wir natürlich berücksichtigt, sonst wäre das theoretische Auflösungsvermögen nicht zu erreichen, das wir garantieren. Die Spiegel sind aus geglühtem Pyrex-Glas hergestellt, mit Aluminium bedampft und mit einer Schutzschicht aus Quarz versehen.

Diese Newton-Spiegelteleskope eignen sich zur Beobachtung aller stellaren Objekte wie z. B. die Beobachtung von Planeten, Kometen, Mond, Sternhaufen, Nebel und Galaxien. Inwieweit die einzelnen Strukturen und Details mehr oder weniger hervortreten, hängt vorwiegend von der freien Öffnung des Instrumentes und des damit verbundenen Lichteinfalls sowie der stärkeren Vergrößerungsmöglichkeit ab.

KOSMOS-Newton-Spiegelteleskop, Modell 628

Freie Objektivöffnung 152,4 mm, Brennweite 1220 mm, Öffnungsverhältnis 1:8, zeigt Sterne bis zur 13,4ten Größenklasse, trennt Doppelsterne mit 0,74 Bogensekunden Abstand. Maximale Vergrößerung bei Verwendung eines Okulars mit 4 mm Brennweite 305fach.

KOSMOS-Newton-Spiegelteleskop, Modell 645

Freie Objektivöffnung 152,4 mm, Brennweite 762 mm, Öffnungsverhältnis 1:5, zeigt Sterne bis zur 13,4ten Größenklasse, trennt Doppelsterne mit 0,74 Bogensekunden Abstand. Maximale Vergrößerung bei Verwendung eines Okulars mit 4 mm Brennweite 190fach.

KOSMOS-Newton-Spiegelteleskop, Modell 826

Freie Objektivöffnung 203,2 mm, Brennweite 1220 mm, Öffnungsverhältnis 1:6, zeigt Sterne bis zur 14ten Größenklasse, trennt Doppelsterne mit 0,56 Bogensekunden Abstand. Maximale Vergrößerung bei Verwendung eines Okulars mit 4 mm Brennweite 305fach.

KOSMOS-Newton-Spiegelteleskop, Modell 856

Freie Objektivöffnung 203,2 mm, Brennweite 1220 mm, Öffnungsverhältnis 1:6, zeigt Sterne bis zur 14ten Größenklasse, trennt Doppelsterne mit 0,56 Bogensekunden Abstand. Maximale Vergrößerung bei Verwendung eines Okulars mit 4 mm Brennweite 305fach.

KOSMOS-Newton-Spiegelteleskop, Modell 880

Freie Objektivöffnung 203,2 mm, Brennweite 1220 mm, Öffnungsverhältnis 1:6, zeigt Sterne bis zur 14ten Größenklasse, trennt Doppelsterne mit 0,56 Bogensekunden Abstand. Maximale Vergrößerung bei Verwendung eines Okulars mit 4 mm Brennweite 305fach.

KOSMOS-Newton-Spiegelteleskop, Modell 1060

Freie Objektivöffnung 254 mm, Brennweite 1524 mm, Öffnungsverhältnis 1:6, zeigt Sterne bis zur 14,5ten Größenklasse, trennt Doppelsterne mit 0,46 Bogensekunden Abstand. Maximale Vergrößerung bei Verwendung eines Okulars mit 4 mm Brennweite 381fach.

KOSMOS-Newton-Spiegelteleskop, Modell 1266

Freie Objektivöffnung 317,5 mm, Brennweite 1905 mm, Öffnungsverhältnis 1:6, zeigt Sterne bis zur 15ten Größenklasse, trennt Doppelsterne mit 0,37 Bogensekunden Abstand. Maximale Vergrößerung bei Verwendung eines Okulars mit 4 mm Brennweite 476fach.

Literaturhinweise

An dieser Stelle sollen nur solche Werke erwähnt werden, die für die praktische Arbeit des Amateurastronomen empfehlenswert sind.

AHNERT, P.: Kleine praktische Astronomie. Leipzig, 1974
BAKER, D., HARDY, D.: Kosmos-Sternführer. 2. Aufl., Stuttgart, 1981
DICK, J.: Praktische Astronomie an visuellen Instrumenten. Leipzig, 1963
GERSTENBERGER, M.: Astronomie des Alltags. 3. Aufl., Stuttgart, 1981
HANDBUCH FÜR SONNENBEOBACHTER (Hrg.: Vereinigung der Sternfreunde). Berlin, 1982
HERRMANN J.: dtv-Atlas zur Astronomie. 7. Aufl., München, 1983
HERRMANN, J., HABER, P.: Das Weltall entdecken, mit selbstgebautem Spiegelteleskop. Köln, 1975
KARKOSCHKA, E., MERZ, R., TREUTNER, H.: Astrofotografie. Stuttgart, 1980
KÖNIG, A.: Die Fernrohre und Entfernungsmesser. 3. Aufl., Berlin, 1959
LINDNER, K., WERSIG, A.: Praktische Schülerbeobachtungen für den Astronomieunterricht. Berlin, 1962
LINDNER, K.: Astronomie selbst erlebt. Köln, 1973
OBERNDORFER, H.: Fernrohr-Selbstbau. Mannheim, 1972
OBERNDORFER, H.: Schau mal in die Sterne. Stuttgart, 1984
ROHR, H.: Das Fernrohr für jedermann. 5. Aufl., Zürich, 1972
ROTH, G. D.: Handbuch für Sternfreunde. 3. Aufl., Berlin, 1981
ROTH, G. D.: Refraktor-Selbstbau. 2. Aufl., München, 1977
ROTH, G. D.: Taschenbuch für Planetenbeobachter. 2. Aufl., München, 1983
SCHROEDER, W.: Praktische Astronomie für Sternfreunde. 8. Aufl., Stuttgart, 1981
STAUS, A.: Fernrohrmontierungen und ihre Schutzbauten. München, 1971
THÖNE, K.: Astronomie als Hobby. Zürich, 1968
ZIMMERMANN, O.: Astronomische Aufgaben. Mannheim, 1966
ZIMMERMANN, O.: Astronomisches Praktikum Bd. I und II. Mannheim, 1969

Sternkarten, Sternatlanten, Sternkataloge

BECVAR, A.: Atlas coeli 1950. Prag, 1956
BECVAR, A.: Atlas coeli, Katalog. Prag, 1956
BEYER, M.: Sternatlas. Bonn, 1950
HEERMANN, H.-J.: Drehbare Kosmos-Sternkarte. Stuttgart, 1984
KLEPESTA, J., RÜKL, A.: KOSMOS-Himmelskarten. Stuttgart, 1981
MARX, S., PFAU, W.: Sternatlas. Leipzig, 1974
SCHAIFERS, K.: Atlas zur Himmelskunde. Mannheim, 1969
SCHURIG, R., GÖTZ, P.: Himmelsatlas. 8. Aufl., Mannheim, 1960
VEHRENBERG, H.: Fotografischer Sternatlas. Düsseldorf, 1972
VEHRENBERG, H., BLANK, D.: Handbuch der Sternbilder. Düsseldorf, 1970
WIDMANN-SCHÜTTE: Welcher Stern ist das? 22. Aufl., Stuttgart, 1984
WIDMANN, W.: Nachtleuchtende Sternkarte für jedermann. Stuttgart, 1981

Astronomische Jahrbücher

AHNERT, P.: Kalender für Sternfreunde. Leipzig
KELLER, H.-U.: Das Himmelsjahr. Stuttgart
WILDT-NAEF: Der Sternhimmel. Aarau

Vereinigung der Sternfreunde (VdS)

Die Vereinigung der Sternfreunde e. V. ist die in der Bundesrepublik vertretene überregionale amateurastronomische Vereinigung. Ihr Vereinsorgan ist die Zeitschrift „Sterne und Weltraum", die auch über alle aktuellen astronomischen Neuigkeiten, Beobachtungen, Entdekkungen usw. berichtet. Man setze sich in Verbindung mit der Geschäftsstelle der VdS, 8 München 80, Anzinger Straße 1 (Bayerische Volkssternwarte). Die Zeitschrift „Sterne und Weltraum" kann auch ohne Mitgliedschaft in der VdS durch den Verlag Sterne und Weltraum Dr. Vehrenberg GmbH, Portistr. 10, 8000 München 90, bezogen werden.

Weitere amateurastronomische Zeitschriften sind
„Astronomy", Milwaukee (WI), USA;
„Orion", Organ der Schweizerischen Astronomischen Gesellschaft, Schaffhausen;

„Sky and Telescope", Cambridge, USA (zu beziehen durch Treugesell-Verlag, Düsseldorf).

Volkssternwarten und Planetarien

Berlin: Wilhelm-Foerster-Sternwarte und Planetarium, Munsterdamm 90, 1000 Berlin 41
Bochum: Sternwarte und Planetarium der Stadt Bochum, Castroper Straße 67, 4630 Bochum
Bremen: Olbers-Gesellschaft, Werderstraße 73, 2800 Bremen
Düsseldorf: Astronomische Vereinigung, Steinkaul 4, 4000 Düsseldorf-Holthausen
Frankfurt: Volkssternwarte des Physikalischen Vereins, Robert-Mayer-Straße 2—4, 6000 Frankfurt
Freiburg: Volkssternwarte und Planetarium, Scheffelstraße 30, 7800 Freiburg
Hamburg: Planetarium, Wasserturm Stadtpark, 2000 Hamburg
Hochdahl: Sternwarte und Stellarum, 4006 Erkrath 2
Köln: Volkssternwarte, Nikolausstraße 55, 5000 Köln
Lübeck: Volkssternwarte, Am Ährenfeld, 2400 Lübeck
München: Bayerische Volkssternwarte und Planetarium, Anzinger Straße 1, 8000 München 80
Nürnberg: Städtische Sternwarte und Planetarium, Am Plärrer, 8500 Nürnberg
Recklinghausen: Westfälische Volkssternwarte und Planetarium, Stadtgarten, 4350 Recklinghausen
Stuttgart: Planetarium im Schloßgarten, Schwäbische Sternwarte, Uhlandshöhe, 7000 Stuttgart
Wetzlar: Astronomischer Arbeitskreis, Lindenstraße 11, 6336 Burgsolms

Weitere Volkssternwarten, teilweise auch Planetarien oder astronomische Vereinigungen befinden sich in Aachen, Augsburg, Bonn, Bremerhaven, Darmstadt, Essen, Freiburg, Glücksburg, Hagen, Hannover, Hof, Kassel, Kiel, Laupheim, Mainz, Mönchengladbach, Münster, Neumarkt, Nordenham, Paderborn, Regensburg, Remscheid, Reutlingen, Solingen, Violau/Augsburg, Wolfsburg; in Österreich vor allem Klagenfurt, Linz und Wien; in der Schweiz in Luzern und Zürich.

Liste der Mondkrater

1	Boussingault	b1
2	Boguslavsky	b1
3	Manzinus	b1
4	Simpelius	b1
5	Curtius	b1
6	Moretus	b1
7	Short	b1
8	Newton	b1
9	Gruemberger	b1
10	Casatus	b1
11	Klaproth	b1
12	Blancanus	b1
13	Wilson	b1
14	Kircher	b1
15	Bettinus	b/c1
16	Bailly	c1
17	Mutus	b1
18	Zach	b1
19	Clavius	b1
20	Scheiner	b1
21	Zuchius	c1
22	Segner	c1
23	Biëla	a1
24	Rosenberger	a1
25	Vlacq	a1
26	Nearchus	b1
27	Hommel	a/b1
28	Pitiscus	a/b1
29	Bacon	b1
30	Jacobi	b1
31	Cuvier	b1
32	Lilius	b1
33	Maginus	b1
34	Longomontanus	b1
35	Bayer	c1
36	Schiller	c1
37	Nöggerath	c1
38	Phocylides	c1
39	Wargentin	c1
40	Oken	a1
41	Fraunhofer	a1
42	Furnerius	a1
43	Rheila	a1
44	Steinheil	a1
91	Werner	b1
92	Regiomontanus	b1
93	Lexell	b1
94	Ball	b1
95	Hell	b1
96	Gauricus	b1
97	Pitatus	b1
98	Wurzel-	
54	Clairaut	b1
55	Faraday	b1
56	Licetus	b1
57	Stöfler	b1
58	Saussure	b1
59	Orontius	b1
60	Sasserides	b1
61	Tycho	b1
62	Wilhelm I.	b1
63	Heinsius	b1
64	Hainzel	c1
65	Schickard	c1
66	Drebbel	c1
67	Lehmann	c1
68	Inghirami	c1
69	Bouvard	c1
70	Wilhelm Humboldt	a1
71	Legendre	a1
72	Hase	a1
73	Petavius	a1
74	Wrottesley	a1
75	Snellius	a1
76	Stevinus	a1
77	Reichenbach	a1
78	Borda	a1
79	Neander	a1
80	Piccolomini	a1
81	Stiborius	a1
82	Lindenau	a1
83	Rabbi Levy	a/b1
84	Zagut	a/b1
85	Gemma Frisius	b1
86	Pontanus	b1
87	Poisson	b1
88	Nonius	b1
89	Aliacensis	b1
90	Walter	b1
45	Janssen	a1
46	Fabricius	a1
47	Metius	a1
48	Nicolai	a/b1
49	Riccius	a1
50	Büsching	b1
51	Buch	b1
52	Barocius	b1
53	Maurolycus	b1
	bauer	b1
99	Hesiodus	b1
100	Kies	b/c1
101	Cichus	b1
102	Capuanus	c1
103	Mercator	c1
104	Campanus	c1
105	Ramsden	c1
106	Vitello	c1
107	Doppelmayer	c1
108	Fourier	c1
109	Viëta	c1
110	Piazzi	c1
111	Lagrange	c1
112	Hecatäus	a1
113	Santbech	a1
114	Fracastorius	a1
115	Polybius	a1
116	Sacrobosco	b1
117	Azophi	b1
118	Aben Ezra	b1
119	Playfair	b1
120	Blanchinus	b1
121	Apianus	b1
122	Delaunay	b1
123	Purbach	b1
124	Thebit	b1
125	Birt	b1
126	Bullialdus	c1
127	Hippalus	c1
128	Agatharchides	c1/2
129	Mersenius	c1
130	de Gasparis	c1
131	Cavendish	c1
132	Byrgius	c1
133	Darwin	c1/2
134	Behaim	a2
135	Ansgarius	a2
136	Lapeyrouso	a2
137	Vendelinus	a2
138	Langrenus	a2
139	Colombo	a2
140	Goclenius	a2
141	Gutenberg	a2
142	Bohnenberger	a2
143	Rosse	a2
144	Capella	a2
145	Isidorus	a2
146	Mädler	a2
147	Beaumont	a2
148	Catharina	a1/2
149	Theophilus	a2
150	Cyrillus	a2
151	Kant	a/b2
152	Tacitus	b2
153	Descartes	b2
154	Almanon	b2
155	Abulfeda	b2
156	Geber	b1/2
157	Airy	b2
158	Parrot	b2
159	Albategnius	b2
160	Klein	b2
161	Hipparchus	b2
162	Alphonsus	b2
163	Ptolemäus	b2
164	Arzachel	b1/2
165	Alpetragius	b2
166	Parry	b2
167	Bonpland	b2
168	Fra Mauro	b2
169	Lubiniesky	c2
170	Euklides	c2
171	Gassendi	c2
172	Letronne	c2
173	De Billy	c2
174	Fontana	c2
175	Hansteen	c2
176	Sirsalis	c2
177	Rocca	c2
178	Crüger	c2
179	Grimaldi	c2
180	Riccioli	c2
181	Schubert	a2
182	Apollonius	a2
183	Messier	a2

184	Censorinus	a2
185	Torricelli	a2
186	Maskelyne	a2
187	Sabine	a2
188	Ritter	a/b2
189	Dionysius	b2
190	Delambre	b2
191	Taylor	b2
192	Theon junior	b2
193	Theon senior	b2
194	Godin	b2
195	Edward Pickering	b2
196	Réaumur	b2
197	Herschel	b2
198	Möstlin	b2
199	Sömmering	b2
200	Schröter	b2
201	Gambart	b2
202	Reinhold	c2
203	Landsberg	c2
204	Encke	c2
205	Flamsteed	c2
206	Damoiseau	c2
207	Hevelius	c2
208	Cavalerius	c2
209	Firmicus	a2
210	Azout	a2
211	Condorcet	a2
212	Picard	a2
213	Peirce	a2
214	Proclus	a2
215	Taruntius	a2
216	Macrobius	a3
217	Maraldi	a2/3
218	Littrow	a3
219	Argaeus	a3
220	Vitruvius	a2
221	Dawes	a2
222	Plinius	a2
223	Ross	a2
224	Arago	a2
225	Sosigenes	b2
226	Jul. Cäsar	b2
227	Silberschlag	b2
228	Agrippa	b2
229	Boscovich	b2
230	Menelaus	b2
231	Manilius	b2
232	Hyginus	b2
233	Triesnecker	b2
234	Ukert	b2
235	Pallas	b2
236	Marco Polo	b2
237	Wolf	b2
238	Eratosthenes	b2
239	Stadius	b2
240	Kopernikus	b/c2
241	Tobias Mayer	c2
242	Hortensius	c2
243	Kepler	c2
244	Marius	c2
245	Reiner	c2
246	Olbers	c2
247	Vasco da Gama	c2
248	Cardanus	c2
249	Krafft	c2
250	Plutarch	a3
251	Eimmart	a3
252	Hahn	a3
253	Cleomedes	a3
254	Berosus	a3
255	Burckhardt	a3
256	Newcomb	a3
257	Romer	a3
258	Le Monnier	a3
259	Chacornac	a3
260	Posidonius	a3
261	Bessel	b3
262	Sulpicius Gallus	b3
263	Linné	b3
264	Aristillus	b3
265	Autolycus	b3
266	Archimedes	
267	Conon	b3
268	Huygens	b3
269	Timocharis	b3
270	Lambert	b3
271	Pytheas	b3
272	Lahire	c3
273	Euler	c3
274	Deliste	c3
275	Brayley	c3
276	Aristarchus	c3
277	Herodotus	c3
278	Seleucus	c3
279	Otto Struve	c3
280	Briggs	c3
281	Lichtenberg	c3
282	Ulugh Beigh	c3
283	Gauss	a3
284	Geminus	a3
285	Messala	a3
286	Franklin	a3
287	Struve	a3
288	Chevalier	a3
289	Mason	a3
290	Plana	a/b3
291	Bürg	a/b3
292	Eudoxus	b3
293	Aristoteles	b3
294	Egede	b3
295	Calippus	b3
296	Theaethetus	b3
297	Cassini	b3
298	Piton	b3
299	Pico	b3
300	Leverrier	b3
301	Helicon	b3
302	Carlini	b/c3
303	Caroline Herschel	c3
304	Mairan	c3
305	Gérard	c3
306	Mercurius	a3
307	Endymion	a3
308	Atlas	a3
309	Hercules	a3
310	De la Rue	a3
311	Thales	a3
312	Strabo	a3
313	Gärtner	b3
314	Schwabe	a/b3
315	Democritus	b3
316	Arnold	b3
317	Meton	b3
318	Archytas	b3
319	W. C. Bond	b3
320	Barrow	b3
321	Goldschmidt	b3
322	J. J. Cassini	b3
323	Anaximander	b3
324	Plato	b3
325	La Condomine	b3
326	Maupertius	b3
327	Bianchini	c3
328	Pythagoras	c3
329	South	c3
330	Harpalus	c3
331	Sharp	c3
332	Oenopides	c3
333	Repsold	c3

Die Liste ist angeordnet nach den Nummern der Skelettkarte auf Seite 35 (Bild)

Sachregister